中 国 现 实 经 济 热 点 问 题 系 列

中国食品危机与地理标志体系

社会经济学实证研究

Chinese Food Crisis and The Geographic Indications

Experiences from the Field based on Socio-Economy Theory

赵 星／著

经济管理出版社
ECONOMY & MANAGEMENT PUBLISHING HOUSE

图书在版编目（CIP）数据

中国食品危机与地理标志体系：社会经济学实证研究/赵星著. —北京：经济管理出版社，2015.11
ISBN 978-7-5096-4056-2

Ⅰ.①中… Ⅱ.①赵… Ⅲ.①食品安全—安全管理—研究—中国 ②农产品—地理—标志—管理—研究—中国 Ⅳ.①TS201.6 ②F762.05

中国版本图书馆 CIP 数据核字（2015）第 268313 号

组稿编辑：申桂萍
责任编辑：杨国强
责任印制：司东翔
责任校对：张 青

出版发行：经济管理出版社
（北京市海淀区北蜂窝 8 号中雅大厦 A 座 11 层 100038）
网 址：www. E-mp. com. cn
电 话：(010) 51915602
印 刷：北京九州迅驰传媒文化有限公司
经 销：新华书店
开 本：720mm×1000mm/16
印 张：15.75
字 数：204 千字
版 次：2015 年 11 月第 1 版 2015 年 11 月第 1 次印刷
书 号：ISBN 978-7-5096-4056-2
定 价：49.00 元

联系地址：北京阜外月坛北小街 2 号
电话：(010) 68022974 邮编：100836

前　言

进入 21 世纪以来，中国农产品的产量产值不断提高。但值得注意的是，伴随急速增长的产量和产值，农产品质量丑闻呈不断增长趋势。在此情形下，如何向市场提供高质量的农产品就逐渐成为一些学者的研究焦点。

前人研究已表明，高度关注农产品质量的消费者一般来自城市，具有较高学历和收入。他们愿意为“高质量”农产品付出较高的价格。因此，在市场上生产并出售高质量的农产品不仅能迎合消费者口味而且能给农民带来高收入，进而减少农村和城镇收入的“剪刀差”。这一情形促使关注“三农”问题的相关政府部门开始积极引导农民实施农产品“质量战略”（如推行无公害食品、绿色食品和有机食品标识等）。在这一系列的战略中，通过标识产品产地来迎合部分消费者质量偏好进而帮助农民在市场上取得高收入的地理标志体系已成为中国农业产业中极富吸引力的话题。但是，虽然质量问题是地理标志体系的基石，迄今为止，绝大多数中国研究学者却把注意力放在地理标志的法律保护及其所能给农民带来的经济利益方面，而对其在农产品质量上的实质影响不甚关心。有鉴于此，本书的研究重点放在衡量当代中国市场中地理标志体系对农产品质量的影响程度方面，并试图通过理论体系的构建在农产品质量领域做出具有一定先导性的研究。

基于设定的研究目的，本书分为五大部分。首先，通过从管理学角度对“质量”理论的深入挖掘并回顾国内外研究者对于农产品质量问题的不同看法，本书在社会经济学的基础上建立了农产品质量理论模型。此模型的提出根植于网络理论（A Network Approach）并将研究重点放在不同“行动者”（Actors）之间的“权力关系”（Power Relationships）上。认为由于生产者和消费者的角度不同，农产品质量在市场上很难被简单定义。只有通过深入了解一定情境中的不同行动者在农产品质量形成过程中的权力关系以及其带来的生产行为的抉择，农产品质量才能被完美地剖析。其次，在关注权力关系的基础上，三个农产品生产网络（工业化农产品生产网络、替代性农产品生产网络和地理标志农产品生产网络）以及三个地理标志农产品生产网络（Cassis 葡萄酒生产网络、帕尔玛火腿生产网络和佛罗里达柑橘生产网络）被一一分析，以论证本书提出的农产品质量理论模型，即在不同的网络中，权力关系都是在农产品质量形成过程中起决定作用的关键性因素。再次，在文献回顾之后，基于理论模型，具体的研究过程被一一明确。又次，具体的农产品质量形成过程在我国的三个地理标志网络（赣南脐橙、南丰蜜橘和婺源绿茶）中被详细剖析。最后，结果显示，中国的地理标志体系的建立和发展被政府行为所主导而非消费者的质量需求所主导。因而，此体系关注农民的经济收入甚于农产品质量。较低的地理标志质量标准、不严格的地理标志颁发程序以及较松散的政府管制行为成为中国地理标志体系的特色。这三方面共同制约了中国地理标志体系提升农产品质量的能力。

目　录

第一章 绪论

“民以食为天。食品是人类最直接、最重要的消费品。中国是一个负责任的国家，中国政府是为人民谋利益的政府，多年来为提高食品质量、确保食品安全做出了积极的努力，维护了中国人民和各国消费者的利益。但同时必须看到，中国还是一个发展中国家，食品安全的总体水平，包括标准水平和食品生产的工业化水平，与发达国家相比还有一定的差距，提高食品质量任重道远。”

——中国国务院新闻办公室（2007）

第一节 研究背景及意义

在过去的十多年里，中国农产品的产量不断提高。例如，水果和牛奶的产量在 1998 年分别为 5450 万吨和 750 万吨，而在 2010 年则增长至 2.14 亿吨和 3580 万吨。同期，农产品产值也在快速增长。1998~2010 年的农产品产值已然翻番（中国国家统计局，2012）。但值得注意的是，伴随急速增长的产量和产值，农产品质量丑闻呈不断增长趋势。2003 年，未熟豆浆导致北海市 48 名小学生中毒。2004 年，龙口粉丝被曝掺假，甚至在生产过程中添加碳酸氢铵这样的化学物质以达到增白的效果。2007 年，臭豆腐的制作原料中发现污水。2008 年，三聚氰胺奶粉事件吸引了全世界的目光。2011 年，非法添加剂被报道已被用作软饮料的制作原料长达 10 年。2012 年，地沟油事件震惊全球。在这一背景下，中国消费者对于农产品质量问题的关注与日俱增。2007 年，《小康》杂志进行了一次针对消费者的有关调查。此调查发现，92.74%的消费者担心他们所购买的食品的质量。当类似的调查在 2011 年再次进行时，这一数字已经升至 94.5%。类似的研究结果也被其他调研机构所报道。例如上海市食品药品安全研究中心编写的《食品药品安全与监管政策研究报告（2012 卷）》提到，70%以上的上海市居民担心国内农业食品安全问题，特别是肉类和牛奶制品。针对这一现象，如何确保中国农产品质量已经成为政府及学者共同关注的话题。

一般来说，基于成本（如时间等）的考虑，消费者难以对其购买的产品进行全面了解。所以，面对市场上大量相类似的产品，普通消费者很难做出一个正确的购买决定。因此，他们通常会去购买过去曾经满足过他们需求的特定品牌的产品。品牌，在此作为一个隐形的合同，在提供一贯的质量特性以帮助消费者简化购买程序的同时，也使得生产者的产品傲立于同类产品之林。即使建立品牌需要一定的投资，生产者也能够基于消费者的信任得到相应的经济回报。这一方法本应用于农产品的生产和销售，但是，在中国的农业体系中，绝大部分的农民和中间商都缺乏相应的资金、技术和知识去建立相应品牌。针对这一状况，中国政府开始建立一系列的农产品质量标志体系（如绿色食品标志、有机食品标志和地理标志等）为消费者提供“高质量”的农产品并保证农民作为生产者的收益。

从市场的发展来讲，地理标志并不是一个新事物。西方的消费者早就知道，中国茶叶和印度香料的质量优于其他产地的同类产品，数千年来，地理标志已经成功地被应用到各类产品市场上并给生产者和售卖者带来高于同类产品的利润。比如，经过法国 AOC（法国地理标志体系）认证的奶酪的售价能够比市场上非 AOC 认证的奶酪高出 30%以上（Sylvander，1998；Cited in Parrott et al.，2002）。但也应注意到，即使地理标志和普通的企业品牌都被生产者用来降低信息不对称性、减少消费者的搜寻费用、与相似产品相互区别、标明特定的质量特征，它们之间还是有一定区别的。品牌只能被企业自身或被授权使用。而任何一个生产者，他的产品只要生产于地理标志的保护区域内并且达到认证程序的种种要求，就有权利在其产品上使用地理标志。因此，与普通的企业品牌相比，地理标志有着两个与生俱来的致命缺陷。首先，由于经常有不同的团体（例如行业协会）或个人（例如销售者）参与到地理标志产品的质量标准及认证条款的修订中，地理标志产品的质量或许会因此而“较低”（Anania and Nistico，2004）[①]。其次，地理标志常常被群体或组织所拥有而非单个企业或个人。作为一个特殊的公共产品，地理标志不能被买卖，只能用于保护从特定区域生产出来的产品。这种情形使得地理标志与公共产品或准公共产品相类似，没有任何一个生产者愿意独自去维护地理标志的市场声誉，因为回报总是被群体所共享。“劣币驱逐良币”的现象有可能因此产生。同时，欺诈情形也有可能在市场上出现，特别是在宽松的市场管制之下（“柠檬市场”效应）（Akerlof，1970）。这两大缺陷显示高质量的产品不能被地理标志体系自动供给。地理标志产品的质量水平在不同的环境影响下可能有所不同。

在过去的 10 年中，很多“低质量”的地理标志农产品在中国市场上被广泛报道。比如，使用敌敌畏制作的金华火腿，添加吊白块的龙

① 在谈判过程中，各方容易在一个较低标准的平台上取得一致的意见。

口粉丝及含有苏丹红的白洋淀鸭蛋等。虽然中国的食品监管体系由于监管权分散的问题已经被很多研究者所诟病（Tam and Yang，2005；Roth et al.，2008），但是地理标志体系被寄予了通过认证程序提供高质量农产品的厚望。不合格的地理标志农产品出现在市场上，不仅说明中国食品监管体系有重大缺陷，而且地理标志认证体系也并不完善。如果这一现象不能够被及时改变，消费者对于地理标志农产品的信心将会被逐渐磨灭。接踵而来的将是农民无法从地理标志体系中得到高经济回报。如何化危机为机遇，以质量问题为契机，完善地理标志体系，发展高品质农业，持续提高农民收入，对中国来说是迫在眉睫的问题。

故此，基于前人对于农产品质量、地理标志体系以及中国农业体系的研究（Murdoch et al.，2000；Goodman，2003；Harvey et al.，2004；Hughes and Reimer，2004；Marsden，2004；Tam and Yang，2005；Tregear et al.，2007；Bristow，2007；Engardio et al.，2007；Roth et al.，2008），本书力图从建立农产品质量模型入手，通过对三个具体案例（赣南脐橙、南丰蜜橘和婺源绿茶）的调研，从质量形成角度出发，剖析中国地理标志体系对于中国农产品质量的影响力度，以便于政府相关部门能够出台合适的对策及措施，保证地理标志农产品质量，并提高农民收入。

第二节　研究的难点及创新之处

对农产品质量进行定义是对中国地理标志农产品质量进行剖析的前提。但是，所有过去的研究都表明，定义农产品质量并不是一个简单的任务。即使是相同的农产品，其质量含义在不同的情境下也各不相同。

首先，不同的人对于什么是农产品质量以及如何对农产品质量进行衡量有着不同的看法。比如，对于政府部门来说，农产品质量与“安全”及“健康”紧密联系（Barling，2004）。故此，政府常常通过设定一系列的可衡量的物理和化学标准来设立农产品的市场准入制度（Henson and Caswell，1999），并规定任何没有达到相关标准的农产品不得在市场上售卖。但是对于消费者来说，质量的衡量标准则比较主观。例如口味，这个十分主观的并常常为外界多种因素（如年龄、性别、习俗等）所影响的标准常常被消费者用来评判农产品质量（Ilbery and Kneafsey，2000b；Parrott et al.，2002；Mansfield，2003a，2003b；Sage，2003；Kotler and Keller，2006）。相对于消费者，生产者的质量定义则具有一定的可衡量性，如成本、利润和各批次质量特征的一致性等（Harvey et al.，2004）。

其次，农产品质量在不同的网络中有不同的含义。在工业化农产品网络中，质量常常被大中间商或者是大食品加工商通过一定的标准或等级以及具体的行为规范来定义和衡量（Renard，2005）。但在替代性农产品网络中，由于面对不同的消费者，质量具有十分宽泛的含义（Goodman，2003）。它可能是更健康的概念（有机产品和非转基因食品等），也可能是更加关注动物权益的概念（如放养的鸡或猪等），还可能是更加关注自然环境的概念（如特定产地的水制品等）（Nygard and Storstad，1998；Winter，2003a，2003b）。作为替代性农产品网络的一个分支，地理标志农产品质量则与当地自然和人文因素紧密相连（Storper，1997；Ilbery and Kneafsey，1999；Whatmore et al.，2003）。然而，这种“本地化”的质量概念也并不具有一致性。不同的地理标志产品向市场传达的具体质量含义并不一致。例如，法国Cassis葡萄酒的质量含义就与地域（Terroir）、低产量和传统的制作方法紧密相连。而美国佛罗里达柑橘则偏向于将质量和当地的自然环境、现代的生产技术以及特定消费者的偏好相联系。

面对差异如此之大的农产品质量含义，鉴于本研究的目的是分析中国地理标志体系在农产品质量方面的影响，建立一个农产品质量理论模型成为本书必须完成的一个十分艰巨的且具有创新性的任务。

第三节 研究内容

面对大量食品丑闻，越来越多的消费者希望能够购买高质量的农产品以满足他们的日常所需。在这种情况下，地理标志体系被政府所设立并被许多生产者所使用，以显示其产品与普通产品的质量差异并据此获得较高收益。然而，大量的研究却证明，中国农产品质量“难以被政府完全控制”（MacLeod，2007）。面对较弱的政府监管力度，政府推广下的地理标志体系能否保证相应的高品质就变成了一个现实问题。为了回答这一问题，本书将具体研究内容分成六个部分。

第一部分，基于前人相关研究成果，从管理学及农业经济学角度为农产品质量建立一个理论模型以指导具体研究行为的开展。

第二部分，基于理论模型，重新梳理农产品质量含义在世界农业领域的变迁，并通过三个实例（Cassis 葡萄酒、帕尔玛火腿和佛罗里达柑橘）说明地理标志体系是如何在不同的环境下影响农产品质量的。

第三部分，全面分析中国地理标志体系所处的社会经济环境。中国食品安全监管系统及与地理标志相关的法律体系在此部分被重点提及。

第四部分，寻找并建立一个全面的研究框架为具体的调研行为提供研究方法方面的理论依据。

第五部分，通过三个实例（赣南脐橙、南丰蜜橘和婺源绿茶）收集数据以分析地理标志体系在这三个产品质量形成过程中的作用。

第六部分，对数据进行横向分析以得出结论，并以此建立后续研究的基础。

总体来说，此书的第一章至第四章专注于前四部分的研究内容，即农产品质量理论模型的建立和研究体系的构建；而第五章至第九章则专注于后两部分的研究内容，即通过数据的收集与分析来提出相关结论并指出后续研究方向。

第二章 地理标志及变化中的农产品质量含义

第一节　地理标志的定义

《与贸易有关的知识产权协议》（TRIPS）的第22条第1款明确定义："地理标志是识别一种原产于一成员方境内或境内某一区域或某一地区的商品的标志，而该商品特定的质量、声誉或其他特性基本上可归因于它的地理来源。"

实际上，在《与贸易有关的知识产权协议》签署之前，国际上已经有数个多边条约保护产品的地理名称。其中，三个主要的国际协议为：1883年的《保护工业产权巴黎公约》（以下简称《巴黎公约》），1891年的《制止虚假和欺骗性商品产地标志马德里协定》（以下简称《马德里协定》），1958年的《保护原产地名称及其国际注册的里斯本协定》。这些条约都存在与地理标志相似的定义，如"货品来源标记"和"原产地名称"。1883年的《巴黎公约》和1891年的《马德里协定》有保护"货品来源标记”的相关规则。但遗憾的是，这两个多边协议都没有明确“货品来源标记”的含义。只是在《马德里协定》中第 1 条第 1 款提及：“凡带有虚假或欺骗性标记的商品，其标记是将本协定所适用的国家之一或其中一国的某地直接或间接地标作原产国或原产地，上述各国应在进口时予以扣押。”据世界知识产权组织（WIPO）的定义，“货品来源标记”实际上指“任何表现或标记，用来指示一件产品或服务来源于一个国家、地区或一个特定地点”（WIPO，1998）。虽然货品来源标记与地理标志确有共通之处，但是，一个携带地理标志的产品必须不仅来自所指明的地理位置，而且该产品的“特定质量、信誉或其他特征”必须与其地理来源相关。在后一点上，货品来源标记并未与地理标志定义相吻合。并且，地理标志保护商品，而货品来源标记不仅保护商品而且涉及服务。1958 年的《保护原产地名称及其国际注册的里斯本协定》第 2 条所定义的“原产地名称”为：“原产地名称是指一个国家、地区或地方的地理名称，用于指示一项产品来源于该地，其质量或特征完全或主要取决于地理环境，包括自然和人为因素。”相对于地理标志来说，原产地名称的定义更为严格，因为“声誉”在这里不是一个充分条件。所有的原产地名称都可以在地理标志范畴内受到保护，但并不是所有的地理标志都能够作为原产地名称进行保护。

由于以上这些多边协议的签署国数量有限，对于所保护产品的定义不尽相同，以及对于相应产品的保护力度也不能尽如人意，因此，世界贸易组织的各成员国，包括法国和美国，于 1994 年 4 月签署了有相应严格规范以保护地理标志产品的《与贸易有关的知识产权协议》。

表 2–1　地理标志、原产地名称及货品来源标记之间的区别

所保护的地理名称	协　议	定　义
地理标志	《与贸易有关的知识产权协议》	地理标志是识别一种原产于一成员方境内或境内某一区域或某一地区的商品的标志，而该商品特定的质量、声誉或其他特性基本上可归因于它的地理来源

续表

所保护的地理名称	协　议	定　义
原产地名称	《保护原产地名称及其国际注册的里斯本协定》	原产地名称是指一个国家、地区或地方的地理名称，用于指示一项产品来源于该地，其质量或特征完全或主要取决于地理环境，包括自然和人为因素
货品来源标记	《巴黎公约》	—
	《马德里协定》	凡带有虚假或欺骗性标记的商品，其标记是将本协定所适用的国家之一或其中一国的某地直接或间接地标作原产国或原产地，上述各国应在进口时予以扣押

第二节　农产品质量理论模型

一、管理学角度的质量定义

在不同的时期，不同的背景下的生产者和消费者对于质量有不同的理解。在20世纪中叶之前，大部分的生产者认为质量是产品的内在特征，能够在生产的过程中被衡量和控制以满足消费者的使用要求。Juran和Godfrey（1999）将这种质量定义为“无缺陷质量——亦即产品没有造成返工、故障、顾客不满、顾客投诉等”。很明显，有问题的产品通常会使顾客感到失望并造成退回和索赔的情形，增加生产者的投入。为了提高质量并降低成本，生产者偏向于把产品质量与工厂中的次品率相联系（Juran，1951）。致力于在产品交付使用前进行品质检测的质量管控部门因此成为现代工厂中的一个重要环节。统计学在这种情形下就被大量应用于生产过程中，以便于能够“系统并严密地控制质量”（Bendell，1989）。基于Juran的思路和统计学的方法，Feigenbaum（1956）则对质量有更全面的理解。他提出，产品质量不仅和质量管控部门有关，而且与生产过程中所有的部门（如采购部、技术部、制造部和市场部等）紧密联系。高质量的产品只出现在这些部门共同承担质量管控任务的情形之下。因此，他提出了“全面质量管理”的概念。这一概念被 Bendell（1989）总结为是“有效融合技术及管理流程的、在企业及工厂范围内全员认可的运作结构，以便于综合控制企业及工厂的人流、物流和信息流，在降低经济成本的基础上更好地提供满足顾客质量要求的产品”。然而，Feigenbaum（1956）依旧相信产品质量仅仅与生产者紧密相连，因为提高质量意味着在生产的过程中降低误差，减少废品率。

然而，面对 20 世纪 60 年代竞争激烈的市场，一些研究学者开始把产品质量与消费者偏好联系起来。Levitt（1960）指出，由于所有商业活动的目的都是提升顾客满意度，产品质量定义中最重要的组成部分应该是满足顾客需要而非其他。Crosby（1979）由此定义质量为“与（消费者）要求一致”。怀着相似的理念，Juran 和 Godfrey（1999）亦强调，质量是“满足消费者需要并以此提升顾客满意度的产品特性的组合”。Kotler 和 Keller（2006）从市场的角度出发，也提出生产者必须分析消费者的质量期望，然后把这些期望融合进产品的生产过程中；否则，生产者将发现他们很难在市场上售卖他们的产品并取得利润。在市场上，质量不再是生产者单方面的投入而成为消费者愿意为之付款的产品特性的组合。

在当代研究中，着重描绘消费者满意度的质量定义十分盛行，因为提高顾客满意度可以增加顾客回购率并最终提升企业利润。但是，对于消费者来说，质量判定总是在一定情形下做出的（Harvey et al.，2004）。不同的个体在不同的情形下，对于质量的期望值并不一致。一些个人因素，例如年龄、性别、情绪和习俗等，总会对消费者的质量期望值产生一定的影响（Kotler and Keller，2006）。因而，美国市场营销协会（2010）指出，质量是“每个消费者都有不同判断的一个主观印象”并强调不同的消费者在不同的情形下会对同一产品质量产生不同的判定。Garvin（1987）则试图总结不同的消费者偏好以便于向生产者提供质量改进的方向。通过观察消费者的喜好，他提出产品质量应该是复杂的、具有多种特性的表现形式。因此，产品质量的 8 个衡量维度：性能、外形、可靠性、一致性、耐久性、可维护性、美学特征和感知质量，被一一标明。Garvin 还指出，由于不同的消费者有不同的需要，对于企业来说，其产品在每个维度上都取得高分并满足所有消费者的需要是个奢望。一个维度上质量特性的提高必然以另一个维度上质量特性的下降作为代价。

站在不同的立场，生产者及消费者有着不同的质量评判标准。但市场上的产品质量却无法脱离生产者或消费者而进行单方面的分析。Lancaster（1979）指出，“产品只是一个转移的工具。产品的质量特性总是在工厂被组装进产品之中……然后在消费的过程中被顾客所消费”。Logothetis（1992）则确认了质量的三个关键组成部分：完整性（企业内外全面的交流）、顾客满意度和全面的企业质量策略（以提升消费者对产品质量的信任度）。总而言之，质量是基于生产者提供的质量特性下的消费者的判断。消费者的要求和生产者的参与两方面在衡量和判断产品质量时都不可回避。同时，生产者和消费者的质量标准在市场上还经常相互影响。一方面，生产者的质量标准经常被消费者所影响，就像 Crosby 等（2003）以及 Jeppesen 和 Molin（2003）所述，很多企业已经逐步以外部消费者的需求为依据来改变其产品质量特性；另一方面，消费者的质量评判标准也经常受到生产者的影响，例如，由于消费者具有学习能力，生产者所投放的广告内容就可能会影响消费者的质量评判标准（Huffman et al.，2007；Sung，2010）。总体而言，消费者和生产者在今天的市场上共同决定 / 定义着产品质量。

由于产品质量含义随着时间的变化而变化，而消费者和生产者都对产品质量的形成有巨大的影响，Parrot 等（2002）总结得出质量很难被简单定义。对于产品质量的分析必须分门别类并在特定的环境下进行。

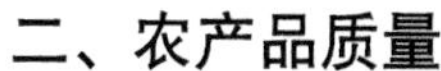

二、农产品质量

根据中国农业部的解释，农产品是指“来源于农业的初级产品，即在农业活动中获得的植物、动物、微生物及其产品”。与其他产品相比，农产品质量是一个极其复杂的概念。不仅是生产者和消费者在农产品质量方面有不同的立场和观点，政府、自然环境、科学技术，甚至社会习俗都必须在剖析农产品质量时加以考虑。比如，消费者的农产品质量定义可能和食品安全及味道相联系。生产者可能把农产品质量看成是“一个市场机会”或者是“可以增加销量和获得高额利润”的手段（Morris and Young，2000）。但不论是生产者还是消费者，都必须在政府的生物、化学和物理标准上讨论农产品的质量问题，否则他们讨论的产品在市场上可能并不存在（被禁止售卖）。同时，新技术的出现，比如转基因技术，可能会对农产品质量判定产生根本性的影响。有感于此，很多农产品研究学者（Nygard and Storstad，1998；Henson，2000；Parrott et al.，2002；Harvey et al.，2004）在不同的领域做出了相应的研究。

消费者对农产品的质量判断由于受到年龄、性别、收入、受教育程度等因素的影响，一般比较主观（Taylor et al.，2012）。Ilbery 和 Kneafsey（2000a）指出了 4 个常用的消费者质量衡量标准：质量标识（产品质量达到政府或某些机构的标准后所获得的标识），当地自然及文化环境影响（如消费者相信苏格兰传统的酿造技术会增强所生产的威士忌的口感），生产特色（特殊配方、技巧或原材料），感官（色香味）及价格吸引力。Parrott 等（2002）的研究也证实，对于消费者来说，质量的判定不仅与农产品的物理性状相关（比如颜色和气味），也受到生产和消费环境的影响（如零售商的声誉、购物环境、习俗和传统等）。Sage（2003）也提出，消费者所采用的农产品质量标准主要有感官标准（外观和口味等）、生态标准（原材料的品质和农产品的制作方法等）和被当地社会人文因素所影响的标准（如是否信任大工业化生产的农产品等）。Taylor 等（2012）也确认，消费者的农产品购买意向受年龄、性别、收入和受教育程度的影响。在这些研究中，主观标准被一致认为是消费者判定农产品质量时经常采用的标准。

与消费者相比，生产者则使用较为客观的可计量的标准（如特定物质含量和市场回报率等）来衡量农产品质量。然而，由于生产者通常包括不同的人群，如农民、加工商和零售商等，这造成了生产者内部对于产品质量的评判标准也并不一致的情况。例如，Ilbery 和 Kneafsey（2000b）列举了一系列本地小生产者的质量判定标准，如产地、原材料的可追溯性、市场价格、售卖者的参与程度、促销方法和质量证明标志等。Winter（2003a）则声称，对于销售商来说，农产品质量高低与市场份额紧密相关。Marsden（2004）则指出，对于某些生产者，农产品质量是市场竞争的手段。故此，产品的特殊性（与产地和认证等相关）或较低产量是质量评判的标准。而对于某些加工商，农产品质量则可由各种“认证证书”所判定，因为这些认证给予农产品一定的社会特性（Murdoch and Miele，2004）。可以看到，市场上不同的生产者已经发展出不同的标准来衡量农产品质量，如表 2-2 所示。

表 2-2　消费者及生产者的质量标准

消费者的农产品质量评判标准	生产者的农产品质量评判标准
• 质量标识，当地自然及文化环境影响，生产特色，以及感官和价格吸引力（Ilbery and Kneafsey，2000a） • 农产品的物理性状及生产和消费环境（Parrott et al.，2002） • 感官标准、生态标准和被当地社会人文因素所影响的标准（Sage，2003） • 标准受到年龄、性别、收入和受教育程度的影响（Taylor et al.，2012）	• 小生产者：产地、原材料的可追溯性，市场价格、售卖者的参与程度，促销方法和质量证明标志（Ilbery and Kneafsey，2000b） • 销售商：市场份额（Winter，2003a） • 某些生产者：产品的特殊性或较低产量（Marsden，2004） • 某些加工商：认证证书（Murdoch and Miele，2004）

实际上，不仅生产者和消费者对于农产品质量有不同的看法，环境对农产品质量含义的影响也很大。Ilbery 和 Kneafsey（2000a）指出，农产品质量判定总是“根植于社会习俗、政治和经济的土壤中的”。

Harvey 等（2004）和 Mansfield（2003a，2003b）也相信，农产品质量是“在特定环境下的判断”并受到政府法规 / 条例、社会文化环境、经济环境及各类组织（如消费者组织和产业联盟等）的影响。这些因素在分析农产品质量时必须加以考虑。

首先，基于保护本国公众健康的目的，各国政府都发布了一系列基于“安全”和“健康”考量的政府法定农产品质量指标（Barling，2004）。例如，英国食品标准署就声称其设立农产品质量标准的目的是“保证你能相信你所购买和食用的食品”。澳大利亚和新西兰食品标准委员会也主张政府必须设立具体标准以“保证澳大利亚和新西兰的食品是安全且适合食用的”。基于科学理性，各国出台了大量可衡量的农产品质量标准并设立了相应的控制和检测体系，以便于能够对“潜在的和正在发生的食品安全问题”及时应对（Henson and Caswell，1999）。这些标准在市场上被用来“定义被售卖农产品的合法性”，防止假冒伪劣产品的出现和食品标签的错误使用，以及处理国际贸易中出现的各种质量标准衔接问题（Atkins and Bowler，2001）。换句话说，政府规定了市场上农产品质量的最低标准。任何低于此标准的农产品被禁止在市场上售卖。

其次，除了政府颁发的法规条例对于农产品质量有所影响之外，很多学者（Tovey，1997；Hinrich，2000；Parrott et al.，2002；Winter，2003b；Bergeaud-Blackler，2004；Weatherell et al.，2003；Tregear et al.，2007）的研究还指出，社会习俗也对农产品质量有一定影响。Bergeaud-Blackler（2004）对于法国街头食品 halal 的研究表明，社会道德、竞争环境、宗教矛盾和政府法规不仅影响消费者对质量的评判标准，也对生产者的生产行为（质量特性形成过程）造成了一定影响。Teil 和 Hennion（2004）也声称，味道作为经常被消费者所使用的农产品质量评判标准，就是一个基于一定社会环境下的主观标准，因为“味道的判断已经成为一个行为的结果，而非静态的或一致的感官感受。美食家们对于口味的评判也总是有分歧的。他们有义务考虑社会中其他人的意见……最终调整他们的判断”（Harvey et al., 2004）。Weatherell 等（2003）则相信，“……社会习俗是理解它们（食品）作为市场上交换、使用和消费产品的关键性标准”。同时，Murdoch 和 Miele（2004）也提出，农产品质量并不是一系列固定的特征组合。它总是“流动的、可变化的，并总是在不同的社会环境下呈现不同特征”。

再次，经济环境在分析农产品质量时也必须加以关注。Marsden（2004）着重指出，经济环境在生产“高质量”农产品中的重要性。虽然提供一定的“质量特征”需要生产者去深入研究消费者的需求并因此增加投入，但生产者总是能从增加的顾客及利润中得到回报。这就是刺激生产者生产“高质量”农产品的原因（Marsden, 2004；Tregear et al., 2007）。同时，经济因素，如价格和收入，也成为帮助消费者在购买决策过程中衡量“质量等级”的重要指标。例如，对于消费者来说，价格已经成为衡量“质量”的重要指标，因为质量较高的农产品总是比质量较低的同类产品价格更贵（Ilbery and Kneafsey, 2000b）。无论是从生产者还是从消费者角度看，在不提及经济因素的情况下讨论农产品质量问题都是毫无意义的。

最后，其他因素（如组织因素、技术因素和自然因素等）也在农产品质量的研究中扮演了重要的角色。例如，De Roest 和 Menghi（2000）对于意大利 Parmigiano Reggiano 奶酪生产过程的调查就证明，生产者组织对农产品质量的影响不可轻忽。为了保证 Parmigiano Reggiano 奶酪具有特定的质量特性，所有相关的生产者都必须加入一个行会并签署协议同意按照行会要求进行生产。通过在实际操作层面实施的控制措施，此种奶酪的质量特性完全被行会所掌控。Mansfield（2003a）则在分析 surimi 海产食品行业后指出，现代技术在质量形成过程中所起的作用不可忽视。而 Ulin（2002）的研究也证明，现代技术会影响质量判定。例如，法国波尔多葡萄酒的生产者就拒绝采用现代化的葡萄酒生产技术来生产当地的葡萄酒，因为传统的生产方式被认为是当地葡萄酒质量特性形成过程中的关键性因素，而现代技术的使用会影响消费者愿意为“传统质量”付出高价格的决心。一些新技术（如转基因技术）也已经从根本上影响了消费者对农产品质量的判定标准。同时，自然因素在农产品质量方面的影响也十分巨大。不同地区生产的农产品不论是在生物学特性方面还是在消费者质量评判方面都会出现巨大差异。Macnaghten 和 Urry（1998）以及 Murdoch 等（2000）都在这方面做过相应研究。

由于很多因素都对农产品质量有一定的影响，Marsden 和 Arce（1995）以及 Atkins 和 Bowler（2001）提出，应该基于“网络”理念来更好地分析农产品质量。相似地，Goodman（2003）和 Watts 等（2005）也指出，农产品质量应该被认为是一种“集体行为”的结果，即农产品质量是一种“相关的物质性”，是在一定的情境下不同的人员互动的产物。换句话说，农产品质量总是形成于一定经济、法律和习俗等背景下，成长于各类生产者（农民、加工商、零售商等）和消费者的互动之中。因此，本书提出一种模型（见图 2–1）以便更好地阐述和分析农产品质量。

根据这一模型，农产品质量不可能仅仅基于生产者或消费者的角度来简单定义，只能在一定的情境下，通过分析不同“行动者”（Actors）之间的“内部关系”（Inter–relationships）来剖析。为了了解影响“情境”的主要环境因素和解析行动者之间“内部关系”，本章接下来的几个部分将着重于解析构建此模型的相关理论。

三、农产品质量模型的理论基础：社会经济学理论

19 世纪中期时，研究者指出农产品的生产行为主要受到利益的驱动。几乎所有的农民都是在计算投入和估算将来的回报之后做出他们

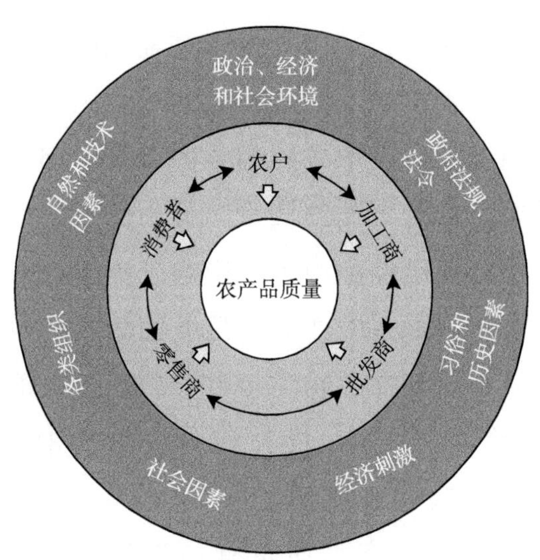

图 2-1 农产品质量理论模型

的生产决定（Found，1971；Thomas and Huggett，1980）。生产者因此被认为是完全理性的，因为经济因素“限制了农民的生产行为”(Tarrant，1974)。在经济利益的驱动下，农业生产行为就像“无情的资本机器”，而生产的目的在于获取剩余价值（Whatmore and Thorne，1997)。这一生产理念最终导致“生产行为的重组以便于（在全球竞争的环境下）保证一定的利润率”（Cloke et al.，1990)。但是，虽然传统经济理论中的经济理性可以解释全球性大农业生产的产生和发展，但却忽略了资本流动可能带来的不同地区和种族之间的发展不平衡问题(Robinson，2003)。例如，合适的自然环境（如气候等）可能会吸引资本并进而带领当地的农民富裕起来；相反，一些具有不合适自然环境的地域可能很难吸引这些投资，当地的农民可能一直难以得到较高收入。这种情况使得落后的“地域”或“阶层”(如当地农民）努力为他们自己的权益而奋斗（设立贸易保护条款等）并据此要求进行利益的重新分配（Robinson，2003)。这种情况使得政治因素成为农产品研究中的一个重要因素。

由于传统的经济理论无法完善地包容政治因素进行研究，政治经济学因此很快被农产品研究学者们所接受。在这一理论框架中，政治因素被认为是一个重要的环境因素。在其框架范围内，各项经济活动能够得以进行（Cloke et al.，1990）。依据这一理论，如果要了解农产品质量，研究者“必须不仅研究经济方面的因素，还应该研究与这些经济因素互动的政治架构”（Mannion and Bowlby，1992）。由于这一理论能够通过分析“围绕食品生产的各种关系”（Murdoch et al.，2000）来剖析农业生产的各类行为，政治经济学理论在农业生产领域以及农产品质量研究领域被广泛采用（Marsden，1988；Cloke et al.，1990；Bonanno et al.，1994）。然而，虽然 Robinson（2003）指出，“土地和资金的所有权的分歧；雇主和被雇用人员之间的关系；不同群体之间的关系；各类政治群体；国家权力的组织架构”都属于政治经济学的范畴，一些学者（Bowler and Ilbery，1987；Fine，1994；Castree，1996）依旧认为在农业领域中，政治经济学理论的应用比较肤浅。在大部分时候，这一理论仅仅适用于研究国家是如何管理农业领域经济行为的（Robinson，2003）。

大体来说，在第二次世界大战之后，由于国家权力对农业生产行为的强烈影响，全球的农业史已经变成了一部政治史（Morgan et al.，2006）。例如，法国政府通过对农业生产范围的划分来影响全国的农业生产。根据国家政策，法国北部是大规模的谷物生产区，中央地块则是小规模的畜牧业产区，而葡萄酒、水果和蔬菜的生产则放在了南部地区。苏联在农业方面的控制更是有目共睹。其国内的农业生产从品种到数量，从投入到产出价格都在政府的控制之下。因此，Yarwood（2002）描述道，“关于种植何种作物以及如何种植作物都被政府决策所影响……而非当地的农业种植条件或是市场需求”。由于整个农业产业在很大程度上受到政府决策的影响，农产品质量方面更是不可避免。例如，欧洲的共同农业政策（CAP）确定了各项农产品的最低质量标准，低于此标准的农产品被禁止在市场上售卖。就像 Whatmore 等

(2003) 所述，“没有过分夸张，质量已经成为政策转变或是政策整合的标志性产物”。在农业生产领域活动的各类人员和组织（如农民、加工商及超级市场等）必须确保他们的产品质量高于政府的最低标准。

虽然政治经济学理论跨越了传统的经济学边界，引进了政治因素使得农产品质量的研究能够更加贴近实际状况，但是，这一理论也存在极强的局限性。首先，农业研究领域中的政治经济学过分关注经济理性而政治维度仅仅被看作是背景性的存在。也就是说，政治因素只是提供了一个框架，以便于经济学的分析能够在此框架下得以延展（Buttel，1996）。比如，在资本的驱动下，面对激烈的市场竞争，政治经济学者总能预测食品加工企业倾向于减少其成本而不是提高特定的质量特性来获得市场上的竞争优势。就像 Porter（1985）所说的那样，如果企业能够在更低成本的基础上生产与其竞争对手相似的产品，那么它在市场上的存活机会更高，并且更可能获得高额的利润。但加工企业的成本压力总是会转移到农民身上，并最终导致基于最基础的质量标准而生产的“工业化”农产品，因为“工业化生产总是会降低成本”（Fine，1994）。在这种情形下，农民的能动性与各地的地域差异并不在研究者的考量范围之内。因此，Buttel（1996）批评政治经济学理论并不适合解释受社会习俗影响的、并不总是将最大化利润放在第一位的家庭式农场的种植行为。Cain 和 Hopkins（1993）也指出，即使资本的全球化使得工业化的农产品出现在世界市场上，世界范围内的农产品生产行为依旧根植于各地差异极大的社会、经济和政治环境之下，就像麦当劳也不得不避免在印度生产牛肉汉堡一样。Tregear（2003）因此总结，所有的生产行为（包括工人、交易、质量、技术和行动者的动机等）都不能脱离一定的社会习俗（如当地的生产历史等）进行分析。而社会习俗这一对农产品质量影响极大的因素却常常被政治经济理论所忽略（Robinson，2003）。

其次，在政治经济学理论中，对于经济行为的研究总是集中在生产者方面。消费者偏好或者说购买力因素经常被有意或无意地忽略或被归入外源性的结构范畴（Tovey，1997；Goodman and DuPuis，2002）。然而，生产和消费就像一个硬币的两面，它们共同对农产品质量产生影响。即使是政治经济学理论的奠基者 Marx（1958，1970）也认识到，虽然生产是质量形成的“重要时刻”，它依然被其他因素（Other Moment）所影响。一个仅仅关注利润而忽略消费者对质量的要求的公司在今天竞争激烈的市场上是难以存活的（Kotler and Keller，2006）。这种情况下，寻求一种能够包含更多因素的农产品质量研究平台被提上了议事日程。

通过调查农产品产业，研究者已经发现，复杂的社会阶层（Warde，1997）、烹饪习惯（Mennell，1996）、经常改变的兴趣与时尚（Beardsworth and Keil，1997），以及所属的社会群体（Fischler，1988），都对农业生产行为以及农产品质量有着巨大的影响。首先，消费者总是生活在一定的社会环境下（Morris and Young，2000）。消费农产品不仅是与年龄、性别和个性相关的个人行为，而且是一个复杂的社会行为（Loureiro and McCluskey，2000）。就像 Parrott 等（2002）的研究所展示的一样，由于社会习俗和传统观念的影响，南欧消费者的农产品质量指标和北欧消费者并不一致。对于消费者来说，“作为农产品质量标准的味道、质地、营养和其他食品生物学特征都是在一定的社会环境下形成的”（Atkins and Bowler，2001）。其次，“经济行为越来越根植于复杂的社会关系网络之中”（Block，1990）。Block（1990）在 20 世纪 90 年代就指出，市场仅仅存在于相对独立个体之间的经济交换行为之中，而“交换行为本身……是一种社会行为……建立于一系列的公认的社会规则之下”。换句话说，不仅是消费行为而且包括生产和交易行为都是一种社会行为（Granovetter，1985；Winter，2003a）。社会因素总是“试图修正或是促进人们之间的经济联系”（Hinrich，2000）。与农产品质量有关的生产行为也因此被复杂的社会关系网络所影响。

在更多地考虑了社会因素的影响后，强调“市场是被习俗规范的社会结构下的产物”（Hinrich，2000）的社会经济理论开始被越来越多的农产品质量研究学者所重视。在这一理论引导之下，经济和社会的关系被认为越来越紧密（Callon，1998）。同时，农业生产和消费行为也成为“多维度社会生活的复杂的组合”（Krippner，2001）。

社会、政治及经济等多种因素共同影响农产品质量（Murdoch and Miele，1999；Sage，2003；Morris and Yong，2004）。如 Murdoch 和 Miele（1999）就曾总结出农产品质量不仅与生产者的效率和成本相联系，而且受到消费者的“传统、口味以及食物消费习俗”的影响。Sage（2003）也指出，政府利用客观的生物学、化学和物理标准来衡量市场上的最低农产品质量。同时，Harvey 等（2004）也承认，农产品质量是在一定情境下的多维度的概念，各种影响因素都应该被考虑。基于这些前人的研究，很明显，社会经济理论是当今农产品质量研究的主流理论基础。由于它可以把多种因素的影响纳入研究范围之内，更可信的研究结果就有可能得出。然而，即使社会经济理论能够帮助研究者更好地分析农产品质量，如何在具体研究过程中把纷繁复杂的经济、政治和社会因素结合起来还需要进一步的探讨。

四、农产品质量模型的理论基础：生产链与生产网络

20 世纪 80 年代以来，随着经济全球化的进程，商品的生产过程变得极其复杂。Gereffi 等（1994）就描述道，“在今天的全球工厂中，由于不同的国家具有不同的成本优势，单一商品的整个生产过程经常被分解到不同的国家之中”。为了建立一个相对全面的范式来分析这种全球化的商品体系，通过追踪产品在各国间的转移历程，研究者们把研究重点放在产品生产、分销及消费的各个连接点上以研究各点之间的“链式关系”（Maye and Ilbery，2006）。这种链式关系被 Friedland 等（1981）称为“产品链”，而更多的学者如 Allacre 和 Boyer（1995）则

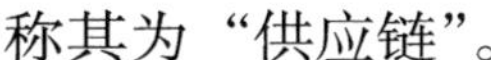

称其为“供应链”。

通过研究商品的“旅行”途径，即其从设计到原材料投入到加工直至消费的过程，供应链的研究方法把目光放在“资本是如何在从生产到消费的各个点最大化利润和控制力”上面（Lang and Wiggins，1985）。但是，根植于政治经济理论，这一研究范式不可避免地不仅将消费看作是生产过程的一个简单的结果（Fine，1994）而导致“难以考量买方是如何影响和控制整个经济活动的”（Hughes and Reimer，2004），而且忽略了社会因素的影响将其看作是一个“纯粹”的影响购买行为而非生产行为的外部因素（Goodman，2002）。忽略消费者的购买力以及社会因素使得 Cook 等（1996）批评供应链范式仅仅把目光放在大规模产业化的农业生产中而忽视社会习俗等因素对于农业生产的影响。Busch 和 Juska（1997）也认为，过于依赖政治经济理论的供应链范式难以真正反映受到政治、经济、社会和自然等因素影响的农业生产系统的复杂程度。Jackson 等（2006）也认为这一范式“太线性化，太机械化，太关注于简单的度量供应链的长度而忽视了别的方面，如生产的复杂性和调节机制”。这些研究都很清楚地表明，即使供应链范式能够使得研究者拥有广阔的视角来系统地分析商品的全球流动问题，它依旧存在忽略社会因素及消费者购买力影响的缺陷。由于这两个因素在农产品的质量研究中不可忽略，此方面的研究必须转向其他更加复杂的、包容性更广的研究范式。

面对供应链范式的局限性，一些农业研究学者（Cook et al.，1996；Cook and Crang，1996）将兴趣转向“商品回路”范式（Commodity Circuits）。这种范式比供应链稍微复杂一些。其认为商品的生产、加工和消费的过程不是直线而是一个“回路”（Leslie and Reimer，1999），而社会习俗因素的影响不仅在消费环节而且应该在生产和加工环节都加以考虑（Huge and Reimer，2004）。由于商品转移过程中的各个“时刻（点）”不可避免地会受到社会习俗因素的影响（Johnson，1996；

Du Gay et al., 1997），商品就应该被看作是各种不同因素（不仅是生产者意愿）影响下的最终产物（Atkins and Bowler，2001）。这种范式的研究重点也因此放在“不同的转移时刻”中各类因素的影响上（Leslie and Reimer，1999）。然而，由于这种范式过分关注社会习俗因素的影响，并企图解析“在不同时间、地点商品所承载的丰富的含义”（Huge and Reimer，2004），难以站在整体的高度，对各种因素之间的相互作用做出系统的阐述。面对这一缺陷，在农业产业的研究中，更多的研究者转向了网络范式。

基于社会经济理论的网络范式最初被用在农业全球化的研究中（Marsden and Arce，1995），如分析跨国企业如何应对在生产和分销过程中的本地化问题。由于这一范式能够把众多的农业产业中的影响因素结合起来合理地解释各类行动者的互动行为，越来越多的研究学者把它逐渐应用在研究当地而非国际的农业问题上（Marsden，2000）。根据 Callon（1991）的描述，网络是“各类行动者为了开发、生产、分销和扩散产品和服务所形成的协调各自行为的合作体系”。与线性的关系不同，网络范式研究各类行动者（如生产者和消费者）与非人类实体（如合同、制度和协议等）是如何相互影响、相互作用的，并指出任何人/实体在网络中产生的影响总是他/它与其他人或因素（如自然、社会、技术和政府）相互作用的结果（Atkins and Bowler，2001）。任何现象都不能脱离网络中的人或因素而做出合理的解释（Lockie and Kitto，2000）。这样一来，网络范式就避免了单向线性以及纯经济的视角。它通过关注“不同类型的节点（人、公司、政府、地方和组织）之间复杂的多向性的联系”（Hughes，2000）来对农业产业中多样的行为进行全面的剖析。基于网络研究范式，研究者能够通过关注“垂直的商品交换关系”以及“支持交换关系的多向的信息流及物流关系”（Hughes，2000）融合各类人或非人因素（如消费者组织、技术和自然等）对农产品质量的影响，并最终得出对相应行为或事件的合理解释。

但是，一些研究者（Latour，1987；Murdoch，1994，1997a；Marsden et al.，1996；Goodman，1999，2001）是十分具有批判性的。他们指出，在很长一段时期内，非人类因素（如科学技术和自然因素）在网络研究范式中并没有作为研究的重点出现。当社会习俗因素越来越吸引研究者目光时，这些非人类因素（特别是自然因素）也应当成为研究农产品质量时不可忽视的部分。就像 Page（1996）指出的，即使现代资本总是试图取代自然的影响力来实现农产品的工业化生产，由于农产品总是生产于一定的地域，其质量一定会被当地的自然条件所影响。为了确认非人类因素（特别是自然因素）的影响，很多农业产业学者转向了行动者网络理论（Actor Network Theory）来研究农产品质量。比如，基于行动者网络理论，Busch 和 Juska（1997）探讨了新技术在油菜籽质量形成过程中的影响，而 Stassart 和 Whatmore（2003）则剖析了在各类技术条件及自然因素转变的影响下，比利时一个牛肉合作组织对于其产品质量定义的转变历程。行动者网络理论不仅试图关注一般网络研究范式一直关注的各类行动者（如各类政府组织及大型机构等），而且试图把人类行动者和非人类行动者放在相同重要的位置上考量。通过把研究重点放在“农产品网络中的自然和技术影响”上来更好地理解农业产业行为（Lockie and Kitto，2000；Marsden et al.，1996；Murdoch，2000）。由于农产品质量确实与自然和技术因素密切相关，从 20 世纪 90 年代至 21 世纪初期，这一理论被广泛应用。

然而，行动者网络理论也有其不可避免的缺点，使得很多这一理论的最初支持者，如 Marsden、Murdoch 和 Goodman 都对其应用产生怀疑。首先，如何把客观的自然和技术因素以及主观的社会因素相等对待是件十分困难的事情。网络范式的创始人 Latour（1983，Cited by Murdoch，2001）甚至说过，除非再次学习，社会学家难以取得对科学技术方面的全面了解。而这种再次学习被 Murdoch（2001）认为，是“不可行也是不必要的”。Benton（1994）也同意这种观点。他说，把社会和自然因素全面结合的研究“令人生畏”，因为这要求社会学家解释科学、技术和自然之间的关系。社会学家运用行动者理论来跨越社会学和自然科学之间的界限进行的研究，就像 Goodman 和 Dupuis (2002) 所说的那样，“绝大部分都是没有达到最初目的的”。其次，行动者网络理论中非人类的因素在社会网络里面扮演重要角色的想法一直被诟病（Lockie，2002）。Marsden（2000）就指出，“只有社会中的人类才有能力赋予各种类型的自然属性”。自然本身是社会的产物，是社会中的人类定义了自然。自然并不具有完全的行动力并常常被人类的行为所改变。就像巴西的科学家改变了泥土的“自然属性”以便于种植土豆以及农业科学家改变农作物的基因以改变农产品的质量特性一样，自然更应该被归类为社会学中的“环境”因素而非单纯的“生物学”因素（Soper，1995；Bloor，1999；Murdoch，2001）。再次，行动者网络理论可以帮助和引导研究者思考研究的影响因素，但却“没有告诉研究者我们应该如何解释 / 应用我们的最终发现”（Marsden，2000）。比如，基于相关研究，很容易建议人类行动者去影响或改变自然因素并最终改变农产品质量特性，但却很难或者说不可能要求非人类因素主动去改变人类的行为（Murdoch，2001）。认识到行动者网络理论的缺陷之后，即使是这一理论最初的坚定的支持者 Marsden (2000) 也提出：“在行动者网络理论之外，是否有其他的范式值得考虑以便于更好地解释复杂的社会和自然之间的关系？”同时，Murdoch (2001) 也强调说，“当大量研究者想在环境社会学的基础上融合自然和社会因素时，重新接受这两个因素之间有本质性不同的传统想法也开始在学术界抬头”。

虽然前人的研究表明自然和技术因素在农产品质量研究中应该被认真对待，但由于这些因素难以在农业产业研究中被社会学家们很好地融合，主要关注人类行为的传统网络研究范式被认为应该更加适合于农产品质量领域的研究。但同时，由于网络研究范式试图通过分析各种因素（人类和非人类）之间的相互作用来“解构”农产品质量特性（Larner and Le Heron，2002），各要素之间相互作用的具体方式还需要做详细分析。

五、权力关系：决定农产品质量的关键性因素

从市场的观点看来，质量并不是一个产品与生俱来的内在特质。它是在生产过程中被赋予的以便于在市场上形成一定的竞争优势的产物（Renard，2005）。如果没有生产过程中各行动者的通力合作（对质量维度的一致认同），产品的“质量”将不可捉摸，永远没有固定的属性特征（Callon et al.，2002）。直接后果将是产品质量永远不可预期。商品的交易，特别是长距离的商品交易将不可持续。为了建立一个稳固的商品交换体系，网络中不同个体对于质量的认知及其所参与的生产行为必须被某些人或某些条例所限定（Busch and Juska，1997）。在选择了社会经济理论和网络研究范式分析农产品质量之后，网络中不同行动者如何通力合作以生产具有特定质量特征的产品需要做进一步分析。

根据 Whatmore 和 Thorne（1997）的研究，在网络中生产具有稳定质量的产品依赖于“网络中的社会组织在每个节点上有力地保证所有的行为模式在特定的时间和地点发生”。Law（1994）以及 Whatmore 和 Thorne（1997）使用“命令模式”(Modes of Ordering）形容网络中生产者、各类组织和消费者的关系，并指出“命令模式”是文字性的，“告诉世界……原本是什么样的或者什么是应当发生的”，同时也是物质性的，“体现为具体的非语言性的行为”。而 Latour（1987）作为网络范式的奠基者却喜欢用“权力”（Power）来描述网络中不同的行动者之间的关系。他定义权力是一种用来动员、稳定和结合人、行为和事件以便于在稳定的网络中完成特定功能的关系。

Murdoch（1997b）指出，质量是由网络中不同行动者之间的权力

关系决定的。基于不同的收入、声望和地位，网络中某些行动者会“通过定义商品的形态和特质以及确认收入的分配比例来控制网络”(Busch and Juska，1997)。网络中各行动者之间相互合作的关系可能因此会被强势的行动者所扭曲。这种强制性的权力关系意味着弱势行动者要按照强势行动者的意愿做出相应的行为（Morgan and Murdoch，2000)。一般而言，强制性的权力关系在网络中会有不同的表现形式。Lockie（2002）就曾描述到，这种关系不一定会表现为控制某些行动者，也可能表现为“影响某些决策的环境……或者是他们（弱势行动者）对于外界的反应模式”。Allen（2003）也曾指出，权力总是通过一定的方式体现，例如通过特殊的约定或直接的命令定义什么行为在网络中可以施行以及什么行为不可施行。

然而，这里所说的权力是“在社会的互动关系中形成的各行动者之间相互的影响力”(Allen，2003)。权力关系是互动行为的结果而非原因（Latour，1987)，并因此不能被某些行动者所掌控。当然，拥有相应资源（如知识、信息和一定能力）的行动者们可以把自己放在一个有利的位置来依照自己的意愿影响网络中经济利益的分配以至于影响整个网络的关系架构，就像基于强大的采购能力，大的零售商（如沃尔玛等）能够通过强迫生产者按照其设立的质量标准进行生产来控制整个商品供应体系一样。忽视资源和能力在行动者之间不平均分配的问题以研究网络中的权力关系是很不明智的。但是，资源和能力的分配模式并不直接对应着权力的分配模式（Dahl，1989)。资源和能力在网络中的运用效果经常被网络中行动者之间的互动关系所“修改、取代和中断”(Allen，2003)。比如，Juska 和 Busch（1994）及 Juska 等（2000）的研究显示，网络中不同群体之间的权力关系可以通过谈判而有所改变（如劳资关系)，同时也会随着外部环境的变化而发生变化。由于权力关系在网络中是可变且不稳定的，把它看作一直被某些拥有大量资源的行动者所左右的想法就变得十分可笑，因为这样只会导致一个结果：网络结构永远不会被改变，拥有较少资源的行动者没有任何机会获得话语权。这种结果，显而易见，是不现实的。故此，Allen（2003）指出，“权力是通过群体或个人的行为所展示的影响力，它并不是能够被拥有并储存的物品”。换句话说，权力并不是基于资源或能力而被给予的物品，而是在不同的行为者互动中所展现的关系（Lockie，2002）。

为了在市场上售卖具有稳定质量特性的农产品，不同的行动者不得不相互合作以使各自的行为具有可预见性。这种合作一般是以他们相互之间为设立一系列条款（如规定谁来定义及判定质量、如何设立生产规范和标准、谁将作为规则的执行者等）而进行（可见或不可见、有意识或无意识）的谈判为基础的（Mansfield，2003a，2003b；Renard，2005）。这些谈判结果由他们之间的权力关系所决定，并最终约束质量形成过程中出现的所有行为（Morgan and Murdoch，2000；Lockie，2002；Renard，2005）。换句话说，农产品质量形成过程中的行为本身就是行动者之间权力关系的体现。因此，农产品质量不能够脱离权力关系而做出正确的分析和判断（Fine et al.，1996）。同时，也应该注意到，由于“不是资源而是权力关系在实际上决定所发生的行为”（Allen，2003），在网络范式的架构下，农产品质量研究的重点不应该放在资源或潜在的能力方面，而应该去分析行动者在网络中如何通过互动来实施其影响质量的“权力”（Murdoch，1995；Lockie and Kitto，2000；Dicken et al.，2001；Csurgó et al.，2008）。因此，解剖网络中各行动者之间的权力关系就成了分析农产品质量的关键。

第三节 不同农产品生产网络中的权力关系及所生产的农产品质量特征

一、工业化农产品生产网络

很久以来，在市场上单独售卖具有不稳定质量特性的农产品的农民是农业生产中唯一的行动者。然而在现代化的全球市场上，为了向市场提供大量的具有稳定质量特性的农产品，各类行动者（如批发商、零售商、政府等）在农业产业中逐渐浮现。为了协调这些行动者的行为，一些协定或称“公约”（Conventions）在产业中作为不同行动者之间权力斗争的结果出现了（Lewis，1969；Salais and Storper，1992；Biggart and Beamish，2003；Morgan et al.，2006）。

Lewis（1969）声称，这些公约是为了解决合作难题而设立的“行动框架”。这些公约本身则表明了一群行动者共同的期望。相似地，Salais 和 Storper（1992）也指出公约是“实践指导、程序、协议、非正式的组织形式。通过表达共同的期许，公约能够把所有行动者的行为统一起来”。Biggart 和 Beamish（2003）则定义公约为“在社会责任的制约下，公约提供了一个相互理解的框架。它能诠释情况发生的原因并规划相应的行为方式以为自己和他人行为的适当性提供依据”。Ponte 和 Gibbon（2005）也形容公约像“一个系统的对于他人行为模式的期望”。很明显，大部分研究者都认为公约是“一系列的标准、编纂的规则和规范”（Murdoch and Miele，1999），以使得各行动者的行为在不同的情境下都能够得到指引和规范，并使得“生产和交换活动都能在可以期许的情况下发生”（Storper and Salais，1997）。

农业产业中包含有很多种与经济、政治和社会生活相关的公约。Thevenot 等（2000）描述了数种此类公约。如在激烈竞争市场上针对所售产品和服务价值的“市场性能公约”，网络内行动者一致认同的与产业长期规划和发展相关的“产业效率公约”，作为生产行为估值标准与公民的公共福利相关的“公民平等公约”，评判与当地人民信任度相关的生产行为的“国内价值公约”，评判与情感、动机或创造力相关的生产行为的“灵感公约”，以及考虑到生产行为对环境影响的“环境公约”等。面对如此多的公约，基于相关的经济学理论，Storpers 和 Salais（1997）在全球的农业产业中确认了四种不同的生产模式，即工业产业模式、市场模式、知识产权模式和人际交往模式。同时也指出，当今全球主流的农产品生产模式是在资本驱动下的工业产业模式。这种模式试图为全世界生产基于一定工业化标准的低廉的农产品。

在这个工业化的农业生产体系中，规模巨大的加工商和零售商（如超级市场）已经成为食品质量公约的缔造者。例如，Heffernan 等（1999）形容这些规模巨大的零售商就像“漏斗”一样将上亿农民所生产的农产品通过高度集中的市场销售给单个消费者。巨大的购买和分销能力使得大零售商们有能力设立和推广他们自己的质量公约。为了在超级市场中占有一席之地，这些质量公约对农民和大部分的加工商都有很强的约束力（Renard，2005）。例如，在 20 世纪 90 年代中期，英国的超级市场就很有效率地设立了一系列针对新鲜蔬菜的质量标准。所有的农民 / 生产者想进入并留在这个市场中就必须保证他们的产品达到这个标准（Ngige and Wagacha，1999）。毫无疑问，对于农产品质量的解释权已经从农民转到了大零售商的手中（Tansey and Worsley，1995；Millstone and Lang，2003）。通过设立质量公约并要求供应商提供与公约一致的产品，大零售商们对于生产过程（或称质量形成过程）的管控日益增强（Marsden et al.，1998；Atkins and Bowler，2000；Millstone and Lang，2003）。

由于标准化长期被认为是大规模工业化生产以及高效率的基础，大加工商和零售商们设立的质量公约通常包括可衡量的标准/等级以及定义的生产标准/规范两方面（Renard，2005）。Schaeffer（1993）以及Murdoch和Miele（1999）指出，标准化是“大量生产和重复销售的函数”且“在一定的技术条件下生产标准化的产品比生产不标准的产品更加简易”。对于大加工商和零售商来说，可衡量的客观质量标准不仅能够增加产量、降低成本，而且能够使得交换的过程更加明晰。这两点都能够给大加工商和零售商带来高额的利润回报（Morris and Young，2000；Mansfield，2003b）。通过设立公认的客观可衡量的质量标准，即使生产者和消费者“从未见过面”，农产品也可以进行顺畅的生产和消费（Bonanno et al.，1994）。农产品大规模长距离不同国别之间的交易因此成为可能。然而，由于这些质量公约是大加工商和零售商基于自己的利益设立的，网络中其他的“弱势行动者”（如农民和消费者）可能会因此受到不利影响。首先，虽然可衡量的客观标准能够消除不同行动者之间的意见分歧并带来大规模生产与生俱来的高利润回报，但这也可能使得农业产业成为一个“工业化的世界”（Salais and Storpor，1992）。换句话说，工业化的农产品质量公约是为了保证产品的生产规范、程序、标准都能够得到满足，但同时也必然会忽略不同产地生态和社会环境的差异性（Freidberg，2003）。没有话语权的农民和小加工商因此在这个“工业化的世界”中被当作“原料”投入到生产之中且因此难以取得较高收入。其次，设立农产品质量公约的目的是标准化农产品的质量特性。而这种标准化经常隐含着一个条件，那就是低质量水准（Schaeffer，1993）。由于大加工商和零售商过于关注效率、成本和价格而非其他行动者（如消费者）的偏好来制定农产品质量公约（Whatmore，1994），采用“最基本”的质量标准向市场上提供“工业化”的产品就成为不可避免的结局（Murdoch and Miele，1999）。

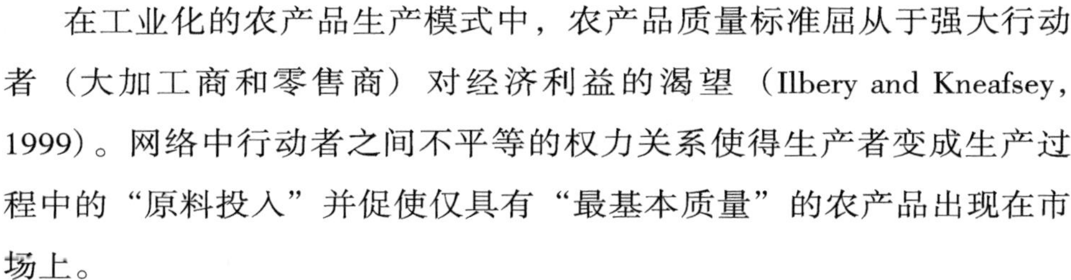

在工业化的农产品生产模式中，农产品质量标准屈从于强大行动者（大加工商和零售商）对经济利益的渴望（Ilbery and Kneafsey，1999）。网络中行动者之间不平等的权力关系使得生产者变成生产过程中的“原料投入”并促使仅具有“最基本质量”的农产品出现在市场上。

二、转变中的消费者农产品质量标准

20 世纪下半叶，关注效率的工业化农产品生产体系生产出大量低价格的农产品以满足市场需要（Harvey et al.，2004）。然而，随着农产品丑闻自 20 世纪 80 年代末以来的爆发，越来越多的消费者已开始依据“质量”而非价格来选择他们的日常所需。

首先，一系列的农产品安全事件已经吸引了很多消费者的注意。随着农业产业的全球化，农产品质量主要被大加工商和零售商从制度上规范起来（Goodman and Watts，1997）。大部分的农产品生产者都被要求依据相关的质量公约来生产农产品。几十年来，这个工业化体系投放了大量的具有客观可衡量品质的农产品进入市场并得到了广泛的社会支持（Renting et al.，2003）。消费者越来越依赖这种“统一”且“公认”的客观标准来判断农产品质量（Murdoch and Miele，1999）。但是，在过去的 20 年间，食品丑闻（如疯牛病和沙门氏菌污染等）以及转基因农产品越来越多。即使大加工商和零售商声称他们的产品是在严格的质量标准体系下生产出来的“高质量”农产品，这一系列和食品安全相关的事件也已经从根本上挑战了消费者对大加工商和零售商（如肯德基和麦当劳）所提供的“工业化”农产品的信心（Goodman，1999）。同时，健康问题也促使很多消费者开始避免购买工业化农产品。英国的消费者曾被问及：“影响你日常生活是否愉快的最重要的事情是什么？”59%的受访者回答是“健康”（Worcester，1998）。越来越多的人在今天认为拥有健康不仅与医院及药品有关，更与食品质量有关。就像 Fischler（1988）指出的，“我们的身体由我们所摄取的食物组成”。很多研究已经表明某些营养物质含量在工业化农产品中偏低。例如，Benbrook 等（2008）发现工业化大规模生产的水果和蔬菜中，微量元素和维生素的含量大大低于同类的有机食品。农产品的安全问题和某些营养物质缺失的问题使得越来越多的消费者认识到，在工业化的全球农产品市场中，质量仅仅只是生产者取得高利润的手段，而消费者得到的也仅仅是具有基本质量特性的工业化产品。就像 Beck（2001）所描述的，“一些过去认为理所应当安全的并被各种权威机构所保证的食品（如牛肉）……已经变得致命了”。一些消费者不再无条件地信任工业化农产品（Renting et al.，2003）。对于这些消费者来说，工业化的质量标准促使“差的”而非“好的”农产品进入市场（Beck，1992）。当安全和营养问题越来越吸引消费者关注时，市场上对于“高品质”农产品的需求也越来越高（Henson，1995；Dunant and Porter，1996；Shine et al.，1997）。

其次，逐渐上升的收入也使得很多消费者有机会去购买高质量的而非工业化标准下生产的农产品。市场上高质量农产品的价格总是相对较高，这是因为提供消费者所愿意购买的“质量特性”总是需要事先调查消费者需求，而调查本身会增加生产者的成本（Juran and Godfrey，1999；Mohan，2002）。一般来说，低收入的消费者无法负担高质量的农产品，就像 Donkin 等（1999）所进行的调查那样，健康的饮食习惯需要花费伦敦依靠救济金生活的消费者一半以上的收入。在过去 20 年中，快速增长的消费者收入已使得市场上高质量农产品的需求急速上升。

最后，世界范围内快速扩张的中产阶级也使得高质量农产品的销路大增（Watts et al.，2005）。Murdoch 等（2000）指出，绝大部分购买高质量农产品的消费者是“受过良好教育的中产阶级专业人士”。他们比别的消费者对于“危机”的感觉更加敏锐（Dunant and Porter，1996；

Nelson，2004）。Featherstone（1987）也承认，由于有更强烈的阶层归属性，中产阶级更加喜欢消费具有特定质量特性的农产品（特别是进行社会交往如宴会时）。所以，即使在第二次世界大战食品匮乏期间，高品质农产品（如苏格兰威士忌和法国葡萄酒）依然有着良好的销量（Winter，2003a）。对于中产阶级来说，消费高质量农产品不仅是健康的保证，更是身份的象征（Lockie and Kitto，2000），就像 Bell 和 Valentine（1988）总结的那样，我们所食用的食物不仅构成了我们的身体也表明了我们的身份和地位。当中产阶级的数量在全世界急速增加的时候，高品质农产品的销量也在急遽上升（Winter，2003a）。

面对“低质量”的工业化农产品，越来越多的消费者有着安全、健康和营养方面的忧虑。在此情境下，消费者收入的增长和中产阶级自我认知的需要都促使市场上对于高品质农产品的需求逐年增加。虽然单个的消费者可能永远没有能力去控制质量的形成过程（通过标明权利、义务和设立标准等）（Mulgan，1989），但依靠“购买力”，消费者们仍有可能去影响生产者的生产行为。在过去的几十年间，生产者越来越习惯于依赖消费者的需求来设立生产标准，以便于在激烈的市场竞争中脱颖而出。故此，面对市场上逐渐增长的高品质农产品的需要，一些生产者开始改变他们的工业化质量标准，以便于在市场上取得高额经济回报（Guthman，2004）。消费者逐步在网络中通过改变生产者的行为来展现其“权力”（Allen and Kovach，2000；Guthman，2008）。

三、替代性农产品生产网络

世界农业产业，特别是发达国家的农业产业，在很大程度上被大加工商和零售商通过质量公约所控制（Goodman and Watts，1997）。生产者被要求按照一定的标准进行生产以便于其产品能够进入世界市场中售卖。各项标准最小化了产地影响，提高了生产率，降低了市场价格并最终生产出“工业化的农产品”（Storper，1997）。在这一生产过程中，低质量标准已经成为以利润为导向的竞争的“核心”（Allaire，2004）。作为“一个单向的从田间流向餐桌的转移工具”，工业化农产品生产网络过分关注经济利益而忽视了消费者的市场需求。

但是，生产者已越来越受到消费者对于高品质农产品的需求影响（Murdoch et al.，2000）。Appadurai（1996）指出，“消费的小习惯，特别是每日的饮食习惯，在大尺度的消费模式中扮演了一个很重要的角色”。根据现代营销理论，消费者而非生产者是市场的推动力（Kotler and Keller，2006）。追求高品质的消费者不仅有能力消费高品质农产品而且能够依据自身的喜好以及经济自主权来控制整个农产品产业。Morgan 和 Murdoch（2000）因此总结到，消费者在现代农业产业中扮演着越来越具有主动性且十分重要的角色。基于强大的购买力，消费者的质量需求已经吸引了生产者的注意力并进一步迫使部分生产者转向更加细分的市场，以获取经济学上所说的“级差地租”（Marsden，1992；Winter，2003b）。

根据 Storper（1997）的研究，为了响应消费者的需求并由此取得高额的经济回报，农产品的生产已经分化成为“标准化通用”产品的生产和“专业专注”产品的生产。农产品生产者不仅要在工业化质量公约的约束下生产“标准化通用”产品以满足大部分消费者的需要，而且要面对部分消费者的“特殊质量要求”，通过生产“专业专注”产品来满足“专业消费者”的需要。与工业化模式下生产的具有统一质量特性的农产品相比，“专业专注”农产品被 Murdoch 等（2000）以及 Ilbery 和 Kneafsey（2000a）定义为“在比工业化标准高的标准下生产的产品”。为了展示与“标准化通用”产品的相异性，“专业专注”产品体系也被称为“替代性农产品网络”(AAFNs)(Goodman，2003)。

由于消费者的质量需求是农产品生产从工业化网络向替代性网络转变的主要推动力（Storper and Salais，1997），替代性农产品的竞争优势不再是价格而是特殊的质量特性。但是，需要特别声明的一点是，由于市场上的农产品质量标准会被一系列的经济、社会和习俗因素所影响，而且现代消费者的选择更加多样化和个性化，在替代性农产品网络中，质量并不是一个简单且单一的概念（Ilbery and Kneafsey，2000a；Goodman，2003）。这里的质量可能意味着消费者感觉更健康的农产品（如有机食品和非转基因产品），本地农产品（如在当地农贸市场购买的、能够直接面对生产者的农产品），更关注动物福利的农产品（如自由放牧的畜产品、土鸡蛋等），或者是在更良好的生态环境下生产的产品（Nygard and Storstad，1998；Winter，2003a，2003b）。因此，在替代性农产品网络，质量变成了一个相对于工业化生产网络的客观质量标准而言的模糊的概念（Harvey et al.，2004）。基于消费者不同的农产品质量期望，替代性农产品网络发展出了一系列的形式以提供不同的质量特性给不同要求的消费者，如假日农贸市场（更短的供应链会带来更新鲜的农产品）、自由放牧的畜产品和有机食品等（Marsden，1998；Sage，2003；Morris and Young，2004；Eden et al.，2008）。替代性农产品网络由此被 Renting 等（2003）定义为，“一个涵盖新出现的，与工业化生产模式不同的，由生产者、消费者和其他行动者组成的，宽泛的概念网络”。

实际上，不仅是消费者注意到了大规模农业生产带来的弊端，其他的行动者，如农民和小加工商，也对工业化农产品生产网络十分不满。在大工业体系下，生产者仅仅能生产与大加工商和零售商所要求的质量特性一致的农产品。这种情形加大了生产者的风险。首先，在工业化的生产体系以及资本的推动下，标准化农产品的产量很快超过了有效的消费需求（Mitchell et al.，1997）。面对饱和的市场，大加工商和零售商都想通过降低成本来增加竞争优势。降低成本的方法有很多，其中包括降低采购成本这一项。由于对于大加工商和零售商来说，在客观统一的全球质量标准体系下，很容易发现潜在的替代供应商，农民和小加工商则面临着对他们十分不利的市场垄断行为。他们不得不接受日渐下降的收入，并因此越来越严重地被“工业化所盘剥”(Fine，1994；Van Der Ploeg et al.，2000)。例如，Morgan 等（2006）就曾估计，仅仅只有“26%的牛肉、20%的猪肉、21%的鸡肉、25%的牛奶和 8%的土豆的最终价格”被给予它们的生产者——农民。Pretty（2001，Cited by Ilbery et al，2005）也指出仅仅只有 7.5%英国市场农产品零售总额被最终给予农民，而这一数值在 60 年前是 50%。

逐渐增强的质量控制是大加工商和零售商保证其竞争空间的主要方式（Hughes，1996；Doel，1996）。作为生产农产品的“原料”——农民和小加工商，则几乎没有在这个网络中获得高收入的机会(Renting et al.，2003)。如何通过抗争获取“权力”以便于提高收入就成为生产者们所关心的问题。一些生产者试图联合起来以影响网络中的权力关系（Moran et al.，1993)。但是，面对在全球范围内可以随时变换供应商的大加工商和零售商，生产者联盟的力度十分有限。此时，市场上越来越多的“高质量”农产品需求就抓住了这些生产者的目光。他们有可能通过在生产过程中“植入”特殊的质量特性来取得与网络中其他行动者谈判时的自主权并由此得到比在工业化网络中更高的收益，这就是经济学上所称的“级差地租”（Marsden，1992；Ilbery and Kneafsey，1998，2000a，2000b；Hendrickson and Heffernan，2002)。例如，根据 Soil Association（2010）的报告，有机农产品生产者在 2007~2008 年得到了比非有机农产品生产者高 50%的收入。有鉴于此，生产者越来越成为替代性农产品网络的有力支持者（Marsden et al.，2000a；Sage，2003；Smithers et al.，2008)。

作为新农村发展计划的主要内容，替代性农产品网络被各国政府所推崇以提高农村地区的收入。在美国，工业化大规模的农业生产模式主导了整个农业产业。政府于是鼓励生产者在替代性农产品网络模式下通过提供特殊的产品质量特性来提高其产品的全球竞争力。在欧洲，由于工业化农产品生产网络的大门仅仅只为能够取得规模效应（如大农庄）和有资金支持质量管理系统的生产者所开放[①]（Parrott et al.，2002；Renting et al.，2003；Overton and Heitger，2008），面对分散的土地所有制和数以千计的小农户，一些欧洲农村地区则难以融入这个工业化生产网络之中。但通过两种途径，替代性农产品网络或成为提高小农户或偏远农村地区收入的方法（Murdoch，2000）。首先，替代性农产品网络区别于工业化农产品体系的一个最重要特征是其特殊的农产品质量特性。而这个质量特性的构成需要网络中全体成员（如农民、加工商、中间商等）的合作。他们共同构成一个“垂直网络”。通过给市场提供“高质量”农产品，替代性农产品网络可能会提高网络中的工作机会并给所有与生产相关的网络成员带来高收入。其次，区别于为生产过程中的参与者增加收入的“垂直网络”，“平行网络”不仅为生产过程的参与者而且为非农业生产领域也提供了高收入的机会。“平行网络”试图整合农村地区的整体资源以达到资源效用最大化的目的，就像 Murdoch（2000）指出的，“平行网络”“暗含了试图整合一个地区所有活动的企图，故而当地的行动者进入市场和其他经济领域的机会大增”。用来定义替代性农产品网络中影响质量特性的关键参数，如生产地（自然条件和习俗等）和加工过程（如手工和传统等），都可以用作推进其他产业（如旅游产业）的资源（Renting et al.，2003；Murdoch et al.，2000）。通过发展“平行网络”，所有农村地区的资源都能被整合进国内或国际市场之中。当地经济也能因此受益。通过这两种方式，替代性农产品网络被相信可以帮助落后农村地区“从独占当地经济重心的农业生产中脱离出来，转向一个更广阔、更多内源性和多维度的农村发展格局”（The Rural Development Regulation 1257/99，Cited by Goodman，2003）。有鉴于此，替代性农产品网络由

① 质量管理系统所要求的资金对于小农户来说十分庞大。

于被认为有可能给小生产者创造“新的经济空间”而被当地政府所支持（Parrott et al.，2002；Goodman，2003，2004）。

消费者可以通过替代性农产品网络获得满足他们特殊需要的高品质农产品。生产者能通过呈现特殊的农产品质量特性来改变网络中的权力关系以获得比在工业化生产网络中更高的收入（Winter，2003a）。政府还能通过替代性农产品网络提高农民及农村收入，特别是落后农村地区的收入（Ilbery and Kneafsey，1998；Murdoch and Miele，1999；Marsden et al.，2000a；Miele and Murdoch，2002；Marsden and Smith，2005）。因此，他们都是替代性农产品网络的坚定支持者。很明显，质量在替代性农产品网络中作为“武器”与主流的工业化农产品相竞争。它是网络中各行动者权力斗争的结果。

四、地理标志农产品生产体系

基于不同的形式，如短供应链、集贸市场、有机食品和地理标志等，如何在农业产业中定义“替代性”就成为一个问题。许多最初的研究把“替代性”与“更短的供应链”(相对于长的、复杂的、全球性工业化的供应链）结合起来或是把“替代性”与生产者和消费者之间更少的中间环节（如运输环节）联系起来（Marsden et al.，2000a；Murdoch et al.，2000；Renting et al.，2003）。然而，很多新的研究对这些与工业化生产网络完全对立的定义产生了疑问。首先，研究显示这两个体系的区别并不是太明显，其中也有重合的部分。比如，Ilbery 和 Maye（2005a，2005b）分析了苏格兰地区小农户的生产行为。他们发现，这些小农户与大工业生产网络紧密合作以在市场上售卖他们的产品（如自由放牧的畜产品）。通过检验澳大利亚的有机农产品体系，Lockie 和 Halpin（2005）声称“澳大利亚的有机农产品体系也部分使用工业化网络中常常采用的客观性可衡量的质量公约”。其次，在不同的地域，“替代性”常常有不同的含义。Goodman（2003）指出，在北美和欧洲，“替代性”的含义并不一致。在北美，“替代性”更多指“从大工业生产的领导者手中夺取控制权和创造一个内源性的、可持续的及平等的农产品生产体系”。在欧洲，“替代性”更多与“大范围的公众食品安全话题，农业政策转变和剧烈改变的农村经济及社会”相关联。在这种情况下，由于很难定义替代性农产品网络，Slee 和 Kirwan（2007）描述此网络为“受到新兴市场需求驱动的结果，是对现代工业化农业体系成本价格挤压的反应，是食品生产者对于生产生活方式的新选择，是支持地方和区域食品计划的政策响应”。Kneafsey 等（2008）解释到，关注“产品、过程和地点”的替代性农产品网络“试图在生产者和消费者之间创造更加‘紧密’的联系”。基于这些对替代性农产品网络的理解，聚焦于“产地”质量特性的地理标志网络成为替代性农产品网络的分支之一。

在人类的历史长河中，农民总是种植作物然后在当地的市场上售卖。农产品经常是在生产者和消费者面对面的交易中被转移的。然而，在城镇化的历程之中，农民和消费者面对面的交易变得越来越困难。中间商于是出现在市场上以帮助交易的进行。同时，逐渐增长的世界人口总量也对农产品的生产提出了新的要求。面对庞大且复杂的市场，传统的生产模式逐渐被关注规模效应和控制成本的机械化大工业生产所替代（Fine，1994），生产、分销及消费行为随之分开。虽然这种分离模式给市场上带来了大量的低价格农产品，但这也意味着消费者不知道他们的食品从何而来、由什么制成、如何制作，以及由谁加工。面对农产品丑闻，现代消费者越来越想收集尽量多的产品信息以便于在市场上远离危险，做出正确的购买决策（Hunt and Frewer，2001）。但众所周知，绝大部分消费者都缺少时间以及相应的知识来全面收集和处理市场上的相关信息。于是，对于希望得到高收益的生产者来说，这些消费者如何收集信息、判断质量以至于最终形成购买决策就成了关键性的问题。

Countiss 和 Tilley（1995）仔细分析了肉类购买者的决策过程。他们发现，在购买过程中，高品质的表现，如原材料的品质和相关标记，可以起到决定性作用。Carimentrand 和 Ballet（2004）则认为质量的判定总是与消费者能够得到的信息以及消费者对这些信息的信任度有关（Cited by Renard，2005）。Watts 等（2005）则指出，由于难以收集全面的信息，为了对农产品质量做出准确判断，消费者常常给予收集到的与质量有关的（正面的以及负面的）信息不同的权重，基于不同信息的权威性来衡定产品的可靠性。换句话说，面对大量信息时，消费者更偏向于依赖诊断性信息（如政府相关部门签发的证书等）而非一般信息（如购买环境等）来衡量产品质量。信息以及信息来源在消费者质量判定以及购买决策的过程中起着重要作用。

同时，一些学者（Storper，1997；Ilbery and Kneafsey，1999；Whatmore et al.，2003）注意到消费者更依赖"产地"的信息判断农产品质量并由此做出购买决策。首先，任何农产品都有其地理产地。工业化农产品生产网络在生产大量缺失产地信息的标准化农产品的同时，也使得产品的来源追溯成为一项不可能的任务（Fischler，1988；Goodman，1999）。有确定产地可追溯的农产品因此被消费者认为具有更高的质量水准（Nygard and Storstad，1998；Acebron and Dopico，2000；Weatherell et al.，2003）。其次，因为一些农产品中"不可见"的质量特性取决于其产地的自然条件（如当地水土中微量元素的含量等），一些来自于特定产区的特殊农产品也被消费者认为具有比其他同类产品更好的质量（Renard，2003）。可追溯性和特殊质量特性促使产地标志成为一些消费者在市场上判定农产品质量的指标（Warde，1997；Kuznesof et al.，1997；Henson and Northen，2000；Mansfield，2003a，2003b；Murdoch et al.，2000）。农产品质量也因此"与特定产地紧密相连"（Ilbery and Kneafsey，2000a）。

因为信息和信息的来源是影响消费者农产品质量判定的主要因素

(Renting et al.，2003)，而农产品质量又与其产地紧密相关，可见的农产品产地的官方证明就理应成为影响消费者质量判定和购买决策的重要信息来源。因此，一些国家和地区，如英国、日本、中国和欧盟等开始建立和推广官方的农产品地理标志证明体系。其中最著名的有法国的“Appellation d' Origin 体系”和欧盟的“PDO”和“PGI”体系。

市场已经证明，地理标志体系不仅能够满足消费者的质量需求，而且具有提高被认证生产者收入的潜力 (Ilbery and Kneafsey，2000a，2000b；Marsden et al.，2000a；Barham，2003)。一般而言，如果生产者不能可信地标识其产品质量，消费者会认为他的产品与市场上其他产品的平均质量相似并因此仅仅愿意支付市场平均价格。品牌是一个通用的可以用来区分不同农产品质量的方式 (Henchion and McIntyre，2000)。但是，单个的农民和小加工商一般都没有足够的资源和能力去建立属于他们自己的品牌。地理标志，亦称为“农户的品牌”(Hayes et al.，2005)，就成为这些农民和小加工商推广他们自己产品的热门选择。首先，地理标志一般被一群生产者所共有。这些生产者之间的合作关系能够最大化资源利用率并使得规模效应得以产生（如雇用专家进行市场调研对于单个的农民来说难以负担，但是在一群生产者中却具有可行性）(Nygard and Storstad，1998；Lamprinopoulou et al.，2006)。建立并推广自己的品牌对于小生产者来说因此成为可能。其次，基于特定的申请程序，生产者们被要求联合起来向政府相关部门申请地理标志。任何属于这个群体的生产者，只要他们的产品能够达到认证的要求就有权利在获得许可后，在其产品上使用相应的地理标志。对于消费者来说，作为第三方质量认证标识的地理标志因此能够保证农产品具有特殊的质量特性 (Watts and Goodman，1997)。即使 Parrott 等 (2002) 指出，地理标志本质上并不是一种质量标志，其注册过程也并不需要进行任何质量评估（生产者们只需要在注册过程中注明其质量标准即可)，消费者依然坚信地理标志农产品“总是具有特殊的质量属性”，因为农产品一定要在符合特定规范或标准的情况下才能使用地理标志，而这些特定的规范和标准总是在向有关部门申请注册的过程中基于国家标准制定而成的。授权使用的过程加强了消费者对于相应农产品的信心，生产者也因此有可能在市场上获得更高的收入。总而言之，合作的行为和政府的支持增加了地理标志农产品生产者取得高收入的机会（Hayes et al.，2004）。

同时，与坚信农村地区提高收入的唯一方法是通过现代化提高生产效率从而增加生产量并最终取得规模效应不同，地理标志体系试图从农村地区本身资源出发，通过生产高质量的产品来提升整个落后农村地区的收入（Ilbery and Kneafsey，1999；Van Der Ploeg et al.，2000）。首先，在地理标志体系中，土地的所有者有可能会从土地租金中获得一定的经济收入。地理标志体系将产品与产地紧密相连，而产地的概念一般由当地的特殊土壤、气候、人文历史等因素共同构成，这使得地理标志农产品的市场形象在别处难以复制。当市场上对于某种地理标志农产品的需求上升时，这种需求会很容易地转移到对生产能力（即土地）的需求上。因为特定地区的土地资源总是有限的，伴随着上升的市场需求而来的是当地土地价格的上涨。地理标志农产品的价格和销量因此与当地土地价格紧密相关（Overton and Heitger，2008）。比如，随着来自于新西兰 Gimblett Gravels 地区的红酒价格的日益上升，当地的土地价格在 21 世纪初已经 6 倍于 20 世纪 80 年代（Overton and Heitger，2008）。而随着法国波尔多葡萄酒的销量下降（从 1998 年的年销售 640 万公升到 2008 年的年销售 488 万公升），波尔多 Blanc 地区的葡萄园的价格也从每公顷 26200 欧元下降到每公顷 17000 欧元（Datamonitor，2004；Comité National des Appellations d' Origine，2010；Wineyard Intelligence，2010）。很明显，发展地理标志体系能给当地的农户带来高额的土地租金回报。其次，消费者对于地理标志农产品的关注很容易被转换为对整个地区的关注。对于消费者来说，地理标志农产品是一个结合了当地环境（包括当地独特的气候、景观、动植物品种等）、习俗（传说和故事等）以及经济因素（特殊的生产技能和传统工艺等）的结合体（Tregear et al.，2007；Fonte，2008）。地理标志产品所标识的地域概念不仅能够用于推销特定农产品，而且自动形成了一个推广全地域产品的基础，就像 Pecqueur（2001）所描述的那样，地域概念所带来的经济利益能够推广到更宽泛的领域以用来推销本地的“一揽子产品”（Cited by Tregear et al.，2007）。在地理标志农产品的生产者收获高收益的同时，当地的其他人民也能从地理标志体系中获益。农村地区（特别是被大规模工业化生产边缘化的落后地区）的政府因此热衷于在当地推广地理标志战略（Marsden et al.，1993）。

关注“产地”质量的地理标志农产品的出现是农业产业中不同行动者之间权力斗争的结果。与工业化网络相比，地理标志网络发展出行动者之间的新型合作关系（Nygard and Storstad，1998）。在工业化网络中“弱势”的行动者们，如消费者、生产者和落后地区的居民等，都在这“权力关系”的变化中受益。然而，根据理论模型，农产品质量是一个复杂的概念。它总是在一定的情境下，由行动者之间的具体权力关系所决定。“产地”质量的含义和地理标志体系在农产品质量形成过程中所起的作用可能在不同的地理标志网络中并不相同。为了系统地了解地理标志农产品质量的含义和地理标志体系在农产品质量方面的影响，三个地理标志网络案例（Cassis 葡萄酒、帕尔玛火腿和佛罗里达柑橘）将在下一节被详细解剖。所得到的数据也将用来和中国地理标志体系相比较。

第四节　国外地理标志体系与农产品质量

在不同的网络中，农产品质量的含义及地理标志体系在农产品质量形成过程中所起的作用不尽相同。下面以法国 Cassis 葡萄酒、意大利帕尔玛火腿，以及美国佛罗里达柑橘为例进行解析。

一、Cassis 葡萄酒

在法国，葡萄酒的生产能够追溯到公元前 6 世纪希腊殖民者殖民高卢南部时期。彼时，法国南部沿海一带的希腊人开始了酿造葡萄酒的历史。公元 1 世纪，在罗马帝国的特许下，法国南部居民开始持证生产葡萄酒。中世纪时，法国葡萄酒的生产技巧在教会内日臻成熟。在今天，法国很多地区都生产葡萄酒，其年产量已超过 40 亿升（Comité National des Appellations d'Origine，2010）。伴随着悠久的酿造历史，喝葡萄酒已经成为法国人民"一个传统的习惯，一个国民性的行为，法国身份的标志，一种愉悦的感官体验，庆祝活动的一部分，以及一种享受的乐趣"（Brown，2010）。

为了保护葡萄酒生产者的利益以及防止假冒伪劣产品的出现，保护来自于特定产区（Appellation of Origin）葡萄酒的法律最初于 1919 年出台。这一法令着重指出，"一个特定产区是由一个国家、地区或地方的名称构成，用来指定一类产品的产地。其特殊的质量和特性是由当地的地理环境，包括自然因素和人为因素所决定的"（World Intellectual Property Organization，2004）。产地名称被认为是在一定地理区域内的集体所有物，因为它可以用来指示所有来自这一产区的葡萄酒特有的品质。实际上，在法国的地理标志保护体系之中，地域概念是一个核心概念，与地域有关的因素，如泥土、基岩、地形、气候等都被认为是决定农产品质量的关键性因素。故而，与地域有关的因素都被法国地理标志保护法规明确规范。例如，在波尔多葡萄酒生产过程中，由于只有五种葡萄（Cabernet Sauvignon、Cabernet Franc、Merlot、Malbec 和 Petit Verdot）被认为适合生长于波尔多区域，因此其他种类葡萄被禁止使用。1935 年，为了提高保护等级，法国创建了原产地法规（AOC）来保护原产地域葡萄酒。根据此法规，来自相应地域的葡萄酒生产合作组织有权根据当地的实际情况设立特别的生产条例和质量标准。由于任何生产和销售有着原产地域标志却没有达到原产地法规（AOC）规定的葡萄酒都是违法的，合作组织成为 AOC 体系中关键的一环（Celine，1998）。这些组织通过发布不同的有关地理边界、葡萄品种、栽培方法、酒精度数等的生产规章，使得拥有不同地域名称的葡萄酒与普通葡萄酒严格区别开来。在区别的同时，面对拥有巨大资金来源并能够取得规模效应的大葡萄酒庄的压力，合作组织亦能够通过地理标志体系给予小型葡萄酒生产者一定的保护，使其能够在竞争激烈的市场上生存下来。现在，法国已经有超过 1000 家葡萄酒生产合作组织（Comité National des Appellations d' Origine，2010）。他们控制了大部分法国 AOC 葡萄酒的生产。在 AOC 法规被创立的同时，法国农业部的一个分支机构，国家原产地委员会（Comité National des Appellations d' Origine）[①] 亦被设立来管理根据原产地法规（AOC）进行生产的法国葡萄酒。作为政府机构，国家原产地委员会的主要职责包括“在符合规定的条件下颁布由当地葡萄酒生产者组成的合作组织（Syndicate）所提交的预案”、“防治和监察市场上假冒伪劣行为”以及“帮助建立和实施相关的质量标准”（Gade，2004）。在实际操作中，这一机构不仅迫使葡萄酒生产者按照相关 AOC 质量标准生产产品，而

① 1947 年改称国家产地命名委员会（Institute National des Appellations d' Origine，INAO）。

且鼓励葡萄酒合作组织出台极为烦琐的生产条例以使其产品区别于同类产品并由此取得高额利润。下面，就以 Cassis 葡萄酒为例说明在 AOC 法规之下，政府以及合作组织是如何规范并保证产品质量特性的。

拥有 180 公顷葡萄园和 14 个葡萄酒生产者的 Cassis 葡萄酒联合会是 AOC 体系中最小的一家葡萄酒联合会。Cassis 是一个地理名称，其位于 Bouches du Rhone 省的马赛市以东 25 公里处。依据悠久的、可追溯到中世纪的酿酒历史，在法国政府的支持下，15 位成员（包括葡萄园所有者和佃农）于 1935 年成立了 Cassis 葡萄酒联合会。在 INAO 的支持下，基于“提交”生产和质量规范及标准的权力，这个联合会已经通过影响葡萄酒的生产过程在事实上成为这个网络中最具“权力”的行动者。首先，由于此联合会成员相信在固定地域内增加产量会降低产品质量并带来价格的下跌，Cassis 葡萄酒的生产能力一直被一些特殊的条例所限制。例如，即使理论上 Cassis 区域包含 2686 公顷土地，依照联合会的规定，鉴于自然环境的影响，仅仅只有 180 公顷“从海平面上 10 米靠近 Mediterranean 海角到海平面上 150 米的 3.5 公里范围内的内陆土地”能够被用来种植葡萄并生产 Cassis 葡萄酒（Gade，2004）。为了保证质量（同时限制产量），根据相关规定，葡萄种植园主只能在其每公顷土地上种植 4000 株葡萄，且葡萄的产量不能超过 5000~5500 公斤 / 公顷，葡萄酒的产量也不能超过 4000 公升 / 公顷。由于这些限制，大批量地提高 Cassis 葡萄酒产量成为不可能达到的目标。其次，为了保证 Cassis 葡萄酒的口感，其酒精含量被限制在 12%以上。并且，仅仅只有 12 种葡萄品种（如 Ugni Blanc、Marsanne 和 Clairett）能够被用于 Cassis 葡萄酒的酿造。葡萄酒生产者可以在他们的产品中任意调配这 12 种葡萄的比例。但是限定品种之外的葡萄不允许在 Cassis 葡萄酒酿造过程中出现，因为联合会认为仅仅只有这 12 个品种的葡萄适合生长在 Cassis 的地域范围内。再次，在实际生产过程中，Cassis 葡萄酒的生产标准（AOC 标准）还受到传统习俗的影响。

依据当地的制作传统，Cassis 葡萄酒必须被储存在特定大小的昂贵的橡木桶中。任何改变橡木桶材质及大小的行为是不被允许的。最后，为了树立独特的可区别于大工业生产的葡萄酒的质量形象，联合会甚至主动增加生产成本，要求所有的葡萄必须人工采摘以保证品质。通过严格生产管理规章和制度，“地域”成为影响 Cassis 葡萄酒质量的决定性因素，虽然葡萄品种、当地气候以及酿酒技术在今天的 Cassis 地区已与中世纪迥异（Callon et al.，2002；Gade，2004）。

很明显，政府和合作组织在法国的地理标志产品体系中扮演了拥有高度“权力”的角色。基于 AOC 法规，合作组织提出的繁复的生产条例和质量标准被拥有国家公权力的 INAO 承认并在网络中得以实施，以控制 Cassis 葡萄酒的品质并保护其市场声誉。任何违反规定的生产者将受到相应的惩罚，如不能以 Cassis 葡萄酒的名义售卖产品及罚款等。在严格的法规控制下，低产量和传统的质量形象使得 Cassis 葡萄酒的市场声誉极高并因此给当地葡萄酒生产者带来了较高的收入（Gade，2004）。

二、帕尔玛（Parma）火腿

意大利拥有名目繁多的特色农产品，如 400 多种不同的奶酪，215 种不同方法制作的肉类和许多种不同的面包、鱼、蔬菜和橄榄油等。在法国 AOC 体系的影响下，为了保护当地生产者的权益，意大利于 1963 年建立了自己的地理标志体系——DOC（Denominazione de Origine Controllata）。基于欧洲条例 2081/92，DOC 体系中一些典型的意大利食品亦被欧盟正式认证，作为被保护的产地名称（PDO）或是被保护的地理标志（PGI）出现。Parma 火腿则是其中最为突出的一个。

Parma 火腿从 1970 年开始就作为一个地理标志产品被意大利法律所保护。1996 年，欧盟的相关法律也认定其为受保护的地理标志产品。实际上，从古罗马时代开始，Parma 地区就被认为拥有火腿制造的完美气候条件，因为从附近山脉中吹来的"独特的风"创造了自然"风干"火腿的优越条件（Hayes et al.，2004）。为了更好地区分 Parma 火腿和普通火腿，制造此火腿的具体区域和制作规范被意大利认定的 1963 年成立的 Parma 火腿集团（The Parma Ham Consortium，最初由 23 名生产者组成）所明确，并最终获得了法律支持（O'Reilly and Haines，2004）。首先，根据规定，只有在 Parma 地区（Emilia 以南 5 公里，东至Enza 河，西至 Stirone 河）海拔不超过 900 米的区域内生产的火腿才有资格称为 Parma 火腿。而在附近的其他地方，由于自然条件的差异，出产的火腿被认为质量较差而无法被认证为 Parma 火腿。其次，严格的从猪的品种、饲养方法、生产地域、火腿制作方法到最后成品的能够影响质量特征各方面的生产规章制度也被设立。例如，集团要求制作火腿的猪必须是三个传统的意大利猪种（Italian Landrace、Italian Large White 和 Duroc）。它们还必须出生并饲养在意大利中北部的 11 个区域之中。其饲料还必须为谷物、麦子和 Parmigiano-Reggiano 奶酪生产中所产生的乳清组成的混合物。制作 Parma 火腿的猪在屠宰时至少要有 9 个月大，重量至少为 140 千克。这些严格的规章制度约束了猪场、屠宰场、加工者以及销售者等所有可能影响质量的具体生产和销售行为，并最终保证了 Parma 火腿的质量纯正。最后，集团还大力支持实验室的研究工作以及市场营销行为。其结果显示这两项行为在保证产品质量以及提高产品的市场售价方面十分有效。例如，生产过程中的实验室分析抽查项目可以更好地保证产品的各项质量指标。而市场营销项目则有力地提升了 Parma 火腿的市场形象，并最终使得其售价高于市场同类产品的 20%~25%（O'Reilly and Haines，2004；The Parma Ham Consortium，2007）。

在 Parma 火腿集团之外，一个独立的质量控制部门——火腿质量管理部（Istituto Parma Qualità）亦被意大利工业、商业、手工业部所认定，依据 Parma 火腿集团所订立的生产规章对生产过程的每一步（从猪的饲养到最后的包装）进行监控（O'Reilly and Haines，2004）。只有被确认通过了所有的质量控制点的 Parma 火腿才会被打上五点皇冠的烙印，以证明这是真正的 Parma 火腿（The Parma Ham Consortium，2007）。

面对大量的低产量小农户，Cassis 葡萄酒联合会和 Parma 火腿集团都仔细保护并积极推广它们与地域、历史及当地文化联系紧密的农产品。即使在具体的管控手段上有所区别（如 Cassis 葡萄酒联合会严格限制产量而 Parma 火腿集团则坚信实验室分析是必不可少的保证质量的手段①），两个地理标志产品体系都设立了专门的法规，使用由合作组织提议的、严格的生产条例以及独立的质量控制监督体系（INOA 和火腿质量管理部）来保证其产品的质量特性（见图 2-2）。它们的地理标志产品质量因此与产地、历史和习俗紧密相关。

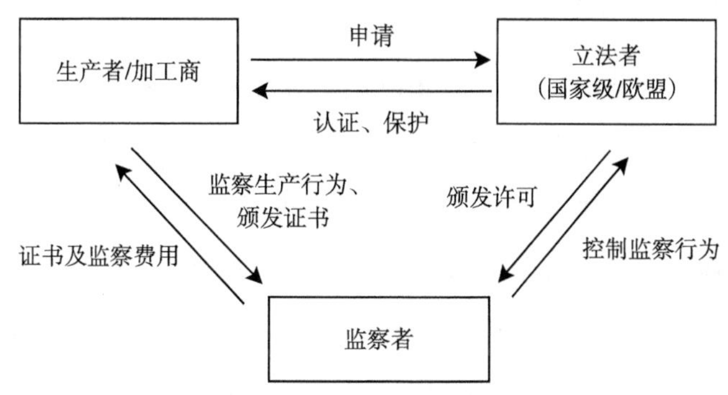

图 2-2 欧洲 PDO 和 PGI 体系

资料来源：Hayes et al.（2004）。

然而，在“新世界”国家中（如澳大利亚、新西兰和美国），基于历史和成本方面的考虑，地理标志体系与欧洲大不相同。首先，欧洲的特色农产品和较小的生产规模是实施独特的地理标志保护体系的先决条件。但在“新世界”国家中，规模化大生产才是农产品生产的主要方式，这使得当地政府很难使用和欧洲相同的方法（如限制产量等）

① 法国 AOC 系统中大部分联合会都不采用现代化的实验室分析方法来保证质量特性。

来推销他们的地理标志农产品。其次，“新世界”国家并没有像欧洲国家那样具有较长的生产来自于特定区域农产品的历史。相对较短的生产历史限制了“新世界”国家利用“历史与人文”质量特性来推广农产品的可能性。最后，欧洲各国对地理标志农产品的保护措施和机构已经存在了较长的时间。但对于“新世界”国家来说，建立一个全新的保护体系是十分消耗人力、物力的。因此，“新世界”国家政府对于提供专门的、强制性的条款来实施地理标志农产品保护的兴趣缺缺。故而，“新世界”国家普遍采用与欧洲各国截然不同的方法来构建地理标志体系及推广地理标志农产品质量。为了继续了解地理标志体系在农产品质量方面的影响，美国佛罗里达柑橘作为一个典型案例将在下文进行剖析。

三、佛罗里达柑橘

迄今为止，美国并未为来自特定区域的农产品设置单独的法律体系（除了酒类）。如果生产者想从产地上区分他们的产品与普通产品，他们必须依照现行法律条文，例如《商标法》来获得法律上的保护（Handler，2007）。从现今美国法律层面上来说，地理标志农产品的保护主要是依靠证明商标实现的（Beresford，1999）。依据美国法律，证明商标可以被定义为“已经使用或想要使用的任何词语、名字、图案、装置或他们的组合，在所有者的允许下，被其他人（非所有者）用于商品上，用来证明某商品或服务的来源区域或原产地、材料、制作方法、质量、精确度或其他特征”（United State Patent and Trademark Office，2010）。证明商标不能像商标一样被售卖，但一旦在美国商标专利局（U.S.Patent and Trademark Office）注册后，就能够依据美国法律防止市场上假冒伪劣产品的出现（Berard and Marchenay，1996）。

佛罗里达柑橘就是一个被美国证明商标所保护的、在世界上很有名气的地理标志农产品。但是柑橘树并不是佛罗里达州的原生种属。

它在佛罗里达州的商业种植历史仅仅可以追溯到 19 世纪中期。但是，佛罗里达州独特的土壤和气候给柑橘树的成长提供了得天独厚的环境。根据 2007~2008 年佛罗里达州农业部门的统计，有至少 7400 万棵柑橘树生长在近 56.9 万英亩的佛罗里达州土地上。在 2007~2008 年，佛罗里达州收获了 20380 万箱柑橘，大约占美国柑橘总产量的 70%。其中，约 90%的柑橘被制成果汁，剩下的约 10%被作为新鲜水果在市场上销售。在今天，作为世界第二大柑橘产品生产基地（仅次于巴西），佛罗里达柑橘产业的产值约为 90 亿美元，并给 76000 人在柑橘和相关领域提供了工作机会（Florida Department of Citrus，2008a；Florida Citrus Mutual，2009）。

1935 年，随着佛罗里达柑橘法规的通过，佛罗里达柑橘委员会在国家立法机关的指导下成立。佛罗里达柑橘委员会由 12 个委员组成，他们分别来自柑橘种植者、柑橘加工者、柑橘运输者和柑橘包装者。委员会不仅负责发布产业规章制度，例如柑橘生长、包装及加工过程中的标准，而且也在很大程度上参与到柑橘产业的自然科学研究和市场营销研究及运作之中（如为整个柑橘产业制作广告，处理柑橘产业与外部人员的公共关系等）。由于委员会的工作众多，在它的领导之下，一个政府部门——佛罗里达柑橘部（Florida Department of Citrus）成立了。它负责执行委员会的一系列方针政策，对柑橘产业的方方面面负责，包括研究、生产、肥料、成熟标准、收获方式、贴牌、运输、包装及加工等。例如，佛罗里达委员会规定所有的柑橘必须在树上成熟，因为柑橘一旦从树上摘下，其成熟过程就会被完全中断。故此，种植园的管理者必须按照大约每 40 英亩的种植园中摘取 40 个果实的比例提供样本给柑橘部检查果品质量。在作为样品的果实中榨取的果汁必须经过两种指标的测试：糖度和酸度（经研究，这两种指标在果汁口感方面起到重要作用）。最终，只有样品达到设定标准的种植园内的果实才能被采摘并有可能最终被贴上“佛罗里达柑橘”的标记来售卖（Florida Department of Citrus，2008b，2008c）。

在佛罗里达柑橘产业中，各类科学研究是一个重要组成部分，因为无论是自然科学研究还是社会科学研究都被认为可以提高柑橘质量，吸引消费者，并使得生产者获得高利润。例如，为了平缓全年的柑橘产量以及迎合不同顾客的口味，不同品种及口味的柑橘相继被培育出来。在佛罗里达州，早熟品种，如 Hamlins 和 Parson Browns，在每年10月到次年 1 月期间达到成熟期。中熟品种，如 Pineapple Orange，在每年 12月到次年 2 月达到成熟期。晚熟品种，如 Valencia，在每年3~6 月达到成熟期。除了自然科学方面的研究之外，市场营销项目的研究也很受重视，例如如何提高消费者对佛罗里达柑橘的认知度和偏好的研究等。产业内的大部分的研究工作都由佛罗里达柑橘委员会资助，在佛罗里达食品工业和农业科学大学（University of Florida's Institute of Food and Agricultural Sciences）以及柑橘研究教育中心（Citrus Research and Education Center）完成。但是还有其他两个部门也承担了一定的研究任务：佛罗里达柑橘生产研究咨询委员会（主要对佛罗里达柑橘生产经营进行研究）和佛罗里达柑橘产业研究联合中心（主要任务是对产业内研究资金进行合理分配并对研究效用负责）（Florida Department of Citrus，2010）。

除了佛罗里达柑橘委员会，还有一些非官方的合作组织存在于产业之中，比较突出的如佛罗里达柑橘共济会（Florida Citrus Mutual）和佛罗里达自然生产者联合会（Florida's Natural Growers）。于 1948 年成立的佛罗里达柑橘共济会不仅为组织成员提供市场信息、对价格进行预测、研究柑橘广告对种植者的影响，还经常对国家柑橘政策制定者进行游说以期获得更有利的产业政策（Florida Citrus Mutual，2007）。而1933 年成立的佛罗里达自然生产者联合会则主要关注果汁的生产和销售（90%佛罗里达柑橘以果汁的方式销售）（Florida's Natural Growers，2010）。但应注意的是，这些非官方的合作组织对于其成员生产行为的约束力都很低。换句话说，它们对佛罗里达柑橘的生产行为及质量的影响较小。

总体来看，对于质量的含义以及如何在生产过程中确保地理标志产品的质量，三个不同的生产网络有着不同的做法（见表 2–3）。由于拥有历史悠久的、著名的、高价值的众多地理标志产品，面对大量的小农户，法国和意大利政府采用了特殊的法律体系（除了法国和意大利的 AOC 和 DOC 体系，欧盟作为整体亦设置了 PDO/PGI 体系来区分地理标志产品与普通产品）来保证地理标志农产品的质量、消除不正当竞争和防止消费者被误导。它们也都使用了（由生产者合作组织提交的）严苛的生产规章以使得古老的加工方法在今天的地理标志农产品生产过程中仍然被采用。究其原因，主要是在这些国家中，“传统的质量形象”被认为是在市场上取得高额经济回报的基础（Gamble and Taddei，2007）。所以这些国家主要侧重于创建“传统”的质量形象来维护当地“小”生产者的利益。而在美国，由于建立独特的法律体系对于现代美国政府来说成本过高，对于地理标志农产品的保护主要是在《商标法》的体系内进行。鉴于较短的生产历史，地理标志农产品的生产者更加依赖于当地的自然条件、自然科学和社会科学研究能力以及严格的生产规程向市场上推广“现代化的高质量”农产品。相对于它们的欧洲同行，美国生产者们试图通过工业化的产业整合（而非关注单个小农户）和市场上“科学质量”的形象，走出一条满足细分市场消费者需要的大供应量低成本的高质平价之路。

表 2–3 法国 Cassis 葡萄酒、意大利帕尔玛火腿以及美国佛罗里达柑橘网络的差异性

	法国 Cassis 葡萄酒	意大利帕尔玛火腿	美国佛罗里达柑橘
强势行动者	政府；Cassis 葡萄酒联合会	政府；帕尔玛火腿集团；火腿质量管理部	政府；佛罗里达柑橘委员会
地理标志保护法律/法规	AOC	DOC	商标法
质量特性/含义	地域；低产量	历史；地域；可控的客观质量指标	自然环境；现代技术；满足消费者的需要

续表

	法国 Cassis 葡萄酒	意大利帕尔玛火腿	美国佛罗里达柑橘
地理标志农产品价格	大大高于普通产品的价格	比普通产品价格高 20%~25%	依赖于当地优越的自然环境，通过降低成本和加大产量来获得高于市场平均水准的经济回报

但也应该注意到，即使三个国家的地理标志体系存在较大差异，为了更好地保护及推销地理标志农产品，获得更高的市场回报，相似的行为（如由产业联合会之类的合作组织提出生产规章及质量标准并由政府对这些规章条例予以认定，以及由政府部门或独立监控机构对生产过程进行监控以保证相关条例被生产者所执行并防止地理标志被滥用等）都被采用。换句话说，在上述三个国家中，地理标志农产品的质量都由合作组织提出的规章制度、相关机构的监控以及政府监察的公权力（依据相应法规）所保证。

第五节　本章小结

为了衡量地理标志体系对农产品质量的影响，本章介绍了地理标志的概念，建立了分析农产品质量的模型，回顾了世界上不同农业网络对农产品质量的看法以及伴随的行动者之间权力关系的变化。最后，为了更形象地了解地理标志体系对农产品质量可能会产生的影响，不同情境下的三个农产品地理标志网络被一一解析。

前人的研究表明，农产品质量难以简单定义，其必须在一定情形下进行分析。本书提出的理论模型进一步指明，农产品质量只能通过剖析在特定政治、社会和经济环境中不同成员间（点）的权力关系（线）而加以研究。在不同的网络中，基于不同的情境和权力关系，即

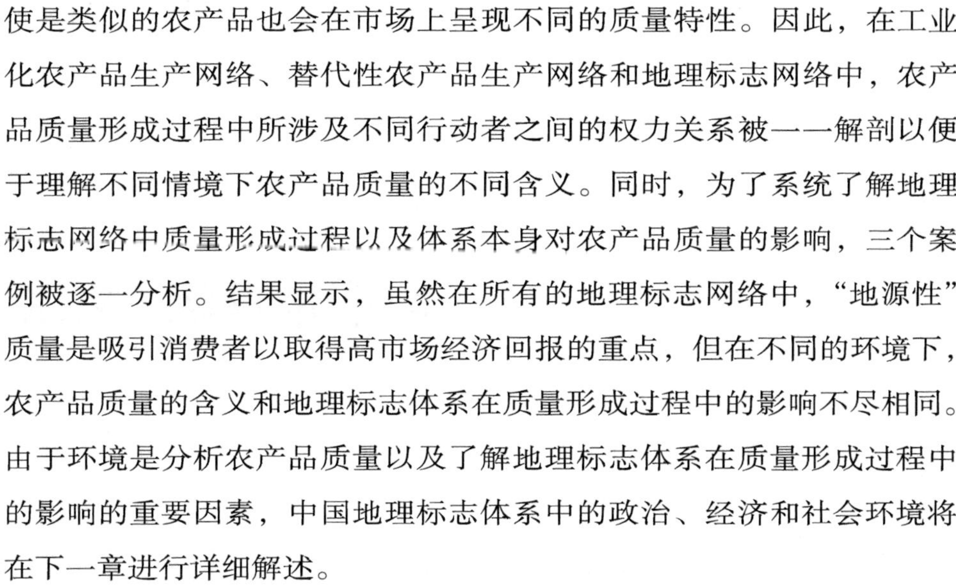

使是类似的农产品也会在市场上呈现不同的质量特性。因此，在工业化农产品生产网络、替代性农产品生产网络和地理标志网络中，农产品质量形成过程中所涉及不同行动者之间的权力关系被一一解剖以便于理解不同情境下农产品质量的不同含义。同时，为了系统了解地理标志网络中质量形成过程以及体系本身对农产品质量的影响，三个案例被逐一分析。结果显示，虽然在所有的地理标志网络中，“地源性”质量是吸引消费者以取得高市场经济回报的重点，但在不同的环境下，农产品质量的含义和地理标志体系在质量形成过程中的影响不尽相同。由于环境是分析农产品质量以及了解地理标志体系在质量形成过程中的影响的重要因素，中国地理标志体系中的政治、经济和社会环境将在下一章进行详细解述。

第三章

中国地理标志体系

“1978年以前，中国是世界上最贫困的国家之一。10亿人民中的6亿人拿着少于1美元的日工资，生活于贫困线之下。几乎所有的穷人都集中在为75%的全国人口提供日常所需的农业领域。但在1978年之后，整个世界都看到了一个全新的中国——经济增长速度炙手可热。这一切都始于1978年实施的家庭联产承包责任制……但农业产业，作为经济振兴的最初领导产业，却在今天远远落后于其他产业。中国的农业经济面临巨大挑战。经济增长所带来的收益在农村和城镇之间并没有公平地分配。农业产业和农村地区仍然比较落后……分散的土地所有制使得大部分农户难以从农业产业中获得较高收入。”

——Song and Chen（2006）

第一节　中国地理标志体系发展起因

一、快速增长的中国经济与相对较低的农民收入

表 3-1　1978~2010 年中国 GDP 与农村收入（农村平均收入×农村人口总数）

年份	中国 GDP（亿元）	农村收入（亿元）
1978	3645.2	1055.6（28.96% 的 GDP）
1990	18667.8	5574. 4（29.78% 的 GDP）
2000	99214.6	18215.8（18.59% 的 GDP）
2010	401202.0	39724.2（9.9% 的 GDP）

资料来源：中国国家统计局（2011）。

1978 年开始，中国经济从一个低效率的计划模式逐渐转向了高效率的市场模式。其经济也因此得以飞速发展。GDP 的平均增长速度在 1979~1984 年为 8.5%，在 1985~1995 年增至 9.7%，而后在 1996~2000 年回落为 8.2%，但在 21 世纪初 2001~2010 年重新增至 15.57%（见图 3-1）。2010 年，中国的 GDP 已 110 倍于 1978 年（中国国家统计局，2011）。而世界银行的数据也显示，2010 年中国的 GDP 已在世界各国中排名第二（World Bank，2011b）。

伴随快速增长的经济，中国国民收入和食品消费量在过去的 30 年间急速攀升。在城镇地区，其人均可支配收入从 1978 年的 343.4 元增至 1990 年的 1510.2 元直至 2010 年的 19109.4 元。在农村地区，其人均收入从 1978 年的 133.6 元增至 1990 年的 686.3 元直至 2010 年的 5919.0 元。恩格尔定律告诉我们，随着收入的提高，人们在食品方面的支出比重将下降。中国也不例外。1978 年，恩格尔系数在城镇地区为 57.5%，而在农村地区为 67.7%。到 1990 年，这两个数值分别降为

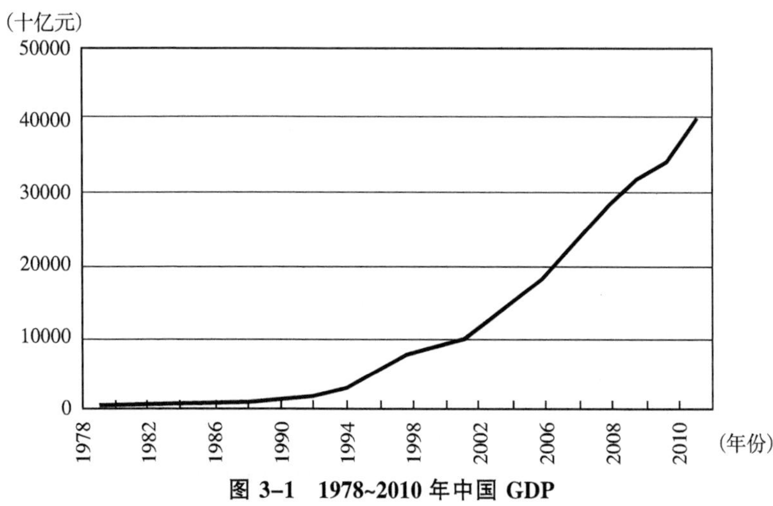

图 3-1　1978~2010 年中国 GDP

资料来源：中国国家统计局（2011）。

54.2% 和 58.8%。而在 2010 年，这两个数值进一步分别下降为 35.7%和 41.1%。但是，虽然食品支出在总支出中的比重持续下降，伴随着高速增长的收入水平，全社会食品支出总额却一直在上升的过程中。1995 年，城镇地区年人均食品消费为 1766.0 元，而在农村地区则为 768.2 元，这两个数值在 2010 年则分别增长至 4804.7 元[①] 和 1800.7 元。为了满足市场上日益增长的食品需要，中国农产品产量增长迅猛。例如，中国的稻谷和水果产量在 1978 年仅为 3.048 亿吨和 0.066 亿吨，同年的农产品总产值也仅为 1397 亿元。而在 1990 年，这三个数值分别升至 4.462 亿吨、0.187 亿吨和 7662 亿元。而在 2010 年，这三个数值更分别快速攀升至 5.465 亿吨、0.214 亿吨和 69320 亿元，如图 3-2 所示。

在 20 世纪 90 年代之前，农产品产量的快速增长主要归功于中国政府自 1978 年开始在农村实施的家庭联产承包责任制。此政策实施之后，每个农户都可以拥有自己的土地并独立做出经营决策，还能够在完成国家和集体提留的前提下保留其经营成果。这项政策把国家对土地的经营控制权部分地返回给农民，使其能自主决定农产品的种植时

① 此数据基于对城镇地区 188948 名居住者的调查而得出（中国国家统计局，2011）。

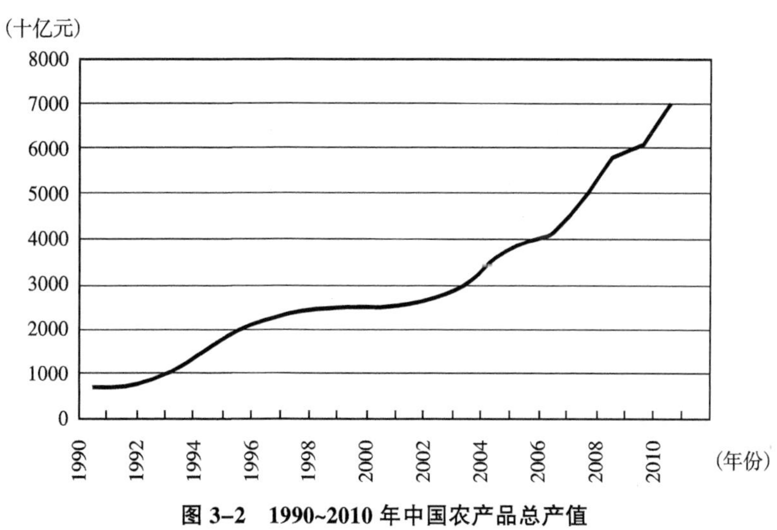

图 3-2 1990~2010 年中国农产品总产值

资料来源：中国国家统计局（2011）。

间和品种，以至于在合理利用农村资源和提高生产率方面十分有效（McMillan et al.，1989）。随着增长的农产品产量，农村地区人均收入在 1978~1999 年翻了 12 番（中国国家统计局，2011）。然而，这一快速增长的势头在 20 世纪 90 年代末却逐渐减弱。1999 年农村地区人均收入只有 2.23%的增长率，2000 年更减至 1.95%（中国国家统计局，2011）。很多国内外的学者（Keidel，2007；胡峰，2008）相信增长率下降的结果是由过度生产导致的。以稻谷为例，1978 年中国的稻谷产量为 3.048 亿吨，而这一数值在 1998 年增至 5.123 亿吨（中国国家统计局，2011）。由于市场上的稻谷已经饱和，其价格在 1996~2002 年下滑了接近 42%（胡峰，2008）。农民已经很难单纯依靠提高农作物产量来提高收入。在家庭联产承包责任制所能带给农业产业的能量已经消耗殆尽之时，如何继续提高农村收入成为摆在中国政府面前的难题。

此时，政府也认识到中国消费者的饮食习惯已经随着收入的增长而开始转变（Fuller et al.，2002）。市场上对于稻谷的消费需求减少，但对于高收入弹性农产品（如肉类、水果和蔬菜等）的需求却逐渐上升。为了继续提高农民收入，政府开始出台不同的政策以鼓励农民生产这些高收入弹性的农产品。这些政策的结果很明显。比如，水果种植面积从 1998 年的 850 万公顷增至 2010 年的 1150 万公顷，其产量也从 5450 万吨增至 21400 万吨。相应地，同期稻谷种植面积从 11380 万公顷减至 10990 万公顷，现代化工具的使用使得同期稻谷产量依然微增（从 1998 年的 51230 万吨增至 2010 年的 54650 万吨），如图 3–3 所示。

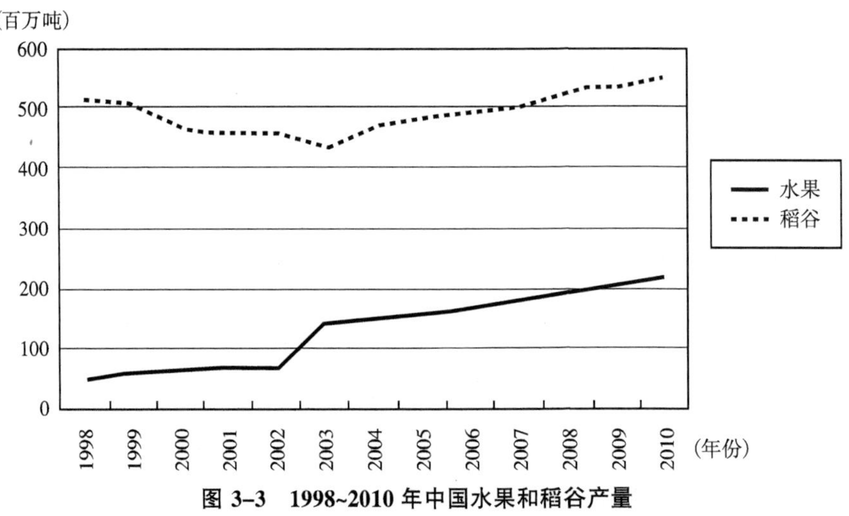

图 3–3　1998~2010 年中国水果和稻谷产量

资料来源：中国国家统计局（2011）。

然而，简单地通过生产大量高收入弹性的农产品以增加农村收入的方法在现实中难以持续。首先，继续减少粮食用地的方法对于一个拥有 14 亿人口的大国来说并不可取。缺乏粮食供应会成为一个严重的政治和社会问题。其次，中国的国土上分布着大量的山脉和山丘。每户农民还依旧保有他们自己的小块土地（家庭联产承包责任制的结果）。在这种情况下，采用大规模农业生产模式以提高种植效率并最终提高农民收入就变成不甚现实的愿望。再次，1978 年后的农产品产出增长其实并不仅仅是政策变动的后果，同时还受到了技术因素的影响（如生物技术的采用及大量化肥和农药的使用）（Edmonds，2006）。美国农业部甚至发表评论说中国是世界上使用化肥最多的国家之一（Calvin et al.，2006）。伴随着过去 30 年间化肥和农药的大量使用，农作物的边际产出率已呈下降趋势（Keidel，2007）。单纯依靠化肥和农药的使用以提高产量已经不甚现实。最后，大量生产高收入弹性农产品的后果将依旧是供给超过需求，市场价格下滑。因此，在种植高收入弹性农产品这一选项之外，农民还需要找到更好的方法以提高收入。

二、农村与城镇收入差距的扩大

中国国家统计局（2011）的数据显示，中国农民平均年收入在2001~2010年的10年间增长了150.1%。然而，这段时期的大部分收入增长却并非来自于传统的农业生产。在工业化的进程中，很多农民离开了他们的土地进入城市以获得更高的收入。但这些收入由于农民的户籍问题，依然被国家统计局计算入农村收入之中。1990年，仅仅只有14.0%农村收入来自工资收入，但这个数字在2000年增至22.3%，2010年增至29.0%。由于大部分增长来自工资收入，实际农业生产部分所贡献的收入增长远远低于150.1%。与同期城镇居民可支配收入增长178.6%相比，实际农村和城镇地区的收入“剪刀差”在过去的10年中逐渐拉大，如图3-4所示。

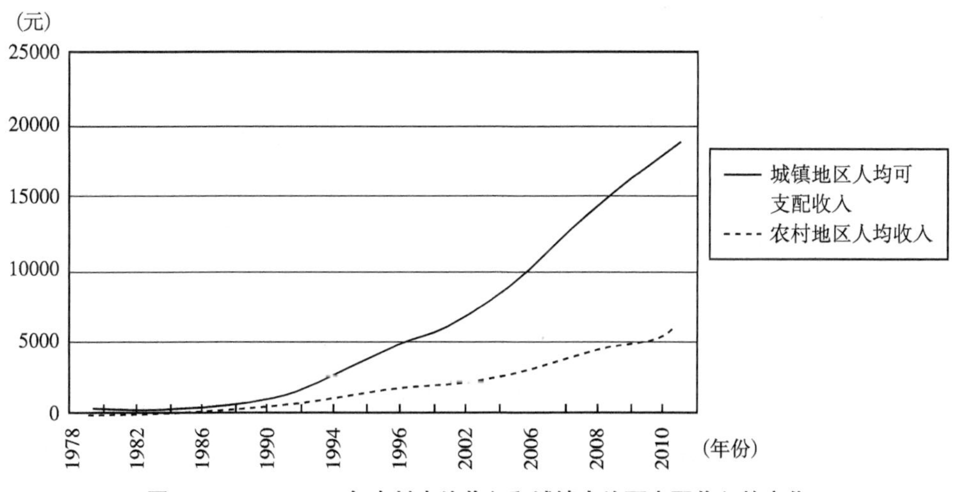

图3-4 1978~2010年农村人均收入和城镇人均可支配收入的变化

资料来源：中国国家统计局（2011）。

很多学者（Tocqueville，2000；Daly et al.，2001；Fajnzylber et al.，2002；Lee and Bankston，1999；Wilkinson and Pickett，2009）都指出，收入的不平均分配和许多社会问题，如人均寿命较短、高发病率、凶杀案、高婴儿死亡率、青少年怀孕问题和抑郁症等高度相关。很多研究（Perotti，1996；Barro，2000；Forbes，2000；Cornia and Court，2001；Pagano，2004）也表明，经济的不平衡发展会降低整个社会的创造力和活力。比如，Perotti（1996）就声称，经济的不平衡发展总是和低经济增长速度以及高生育率紧密相连。Cornia 和 Court（2001）则坚信经济的不平衡发展会导致“激励陷阱、较低的社会凝聚力、较高社会冲突和易变动的财产所有权”，进而对整个社会的经济活力有负面影响。很明显，如果农村和城镇收入的差距继续拉大，“整个社会的经济发展速度将会被拖后，甚至社会的稳定性也会受到影响”（China Daily，2004）。

农业产业（包括种植业、林业、畜牧业和渔业）构成了中国经济中不可或缺的部分。它提供了大约 3 亿就业岗位（36.7%的社会就业人数），却只贡献了中国 GDP 总额的 10.3%（中国国家统计局，2011）。自 20 世纪 90 年代以来，发展一个高效率的农业产业并提高农村及农民收入已经成为中国政府明确的政治目标。2007 年，中国政府提出“切实加强农业基础地位，增强农业和农村经济发展活力”是政府工作的主要任务之一（新华社，2007）。在中国共产党第十七届中央委员会第三次全体会议中，也通过了推进农村改革发展，争取 2020 年农民收入翻番的基本目标任务（China Daily，2008）。

为了增加农村收入，中国政府推行了一系列的措施，如在 2006 年废止了农业税和给农民提供补贴等。但是这些举措被认为对农民收入影响不大。数据显示，取消的税金和增加的补贴只占农户平均收入的 2%左右（Gale et al.，2005）。这样一来，如何在难以实施大规模工业化种植的情况下继续增加农村和农民收入，平衡农村和城市发展速度，把

农村经济融入整体经济发展中就成为中国政府必须仔细考虑的问题。

三、发展地理标志体系：提高农村和农民收入的有效路径

中国的食品供给在 20 世纪 90 年代前严重不足。购买者会被要求提供配给票据以购买满足日常所需的农产品（如稻米、油、肉和糖等）。为了满足消费者的基本需求，那时农产品的生产和消费都集中于粮食类作物，消费者日常的饮食习惯也较为简单。直至 1984 年中国的粮食产量能够基本满足全国人民日常所需（400 千克/人）之后，凭票供应食品的情形才开始改观（Ash，2006）。随着农产品产量的进一步增长，中国农业产业整体结构也开始发生变化。充足的供应、快捷的运输、复杂的分销体系，以及渐渐私有化的零售业，已经使得中国居民（特别是中国城市居民）有条件任意选购他们所喜爱的农产品，进而奠定了中国消费者饮食结构变化的基础（Veeck，2003）。

在中国城镇地区，快速上升的收入水平也给消费者提供了改变他们饮食结构的机会。在过去 30 年以城市为基础的工业化发展战略的影响下，城镇居民收入增长快速。但是，不同人群的收入增长速度并不一致。在 2001~2010 年，城市中最贫困的 10%的人群年可支配收入仅仅翻番，达到 5948.1 元，而城市中最富有的 10%的人群年可支配收入却翻了三番，达到 51431.6 元（中国国家统计局，2011）。伴随着快速增长的中国经济，收入在城市和农村以及城市不同人群中的不平均分配造就了城市中逐渐崛起的富有人群——“中产阶级”。根据 Deng（2005）的研究，中国中产阶级的人数根据不同的标准占全国人口总数的 3%（351.8 万人）~14%（1700 万人）。如果根据新华社的描述，中国收入水平在“年收入 6 万~50 万元”的中产阶级人数应该占全国人口总数的 6.15%（8000 万人）左右（XinHua News，2007）。波士顿咨询公司则对中国中产阶级发展前景较为乐观，他们预测中国的中产阶级总人数在 2020 年将达到 4 亿人。

对于这些“中产阶级”而言，充足的农产品供应和增加的收入给他们提供了购买高品质农产品的机会（Gale，2006）。而同时，对于不安全农产品的担忧以及期望展示独有社会地位的想法也促使这些消费者购买高品质农产品。随着农产品产量的增长，化肥和农药的用量逐渐加大。农村生态环境的恶化问题吸引了部分中国消费者的目光（MacKenzie，1990）。同时，食品丑闻（如三聚氰胺奶粉事件）也增加了这些消费者对食品品质的忧虑。基于健康考虑，消费者十分期望能够购买到高品质农产品。IBM 公司曾经进行过的一次电话调查发现，在考虑环境和食品丑闻的情况下，80%以上的中国居民在选择农产品时越来越关注安全问题（IBM，2008）。更需要注意的是，在中国社会，食品消费总是和社会地位相关联。在经历了很长一段时间的食品管制之后，消费特定品种的农产品在中国社会中扮演着具有特定含义的角色。比如，在 20 世纪六七十年代消费牛奶制品，80 年代消费进口水果，90 年代消费著名品牌食品不仅表明这个家庭的富裕程度，而且展示了其社会地位。在中国，农产品消费可以与个人成功及社会地位相连，因此在一定程度上成为了消费者“身份和地位”的象征（Denton and Xia，1995）。对于中国中产阶级消费者来说，农产品不仅是客观存在的消费品，而且展示了“一种生活方式”。就像 Douglas 和 Isherwood（1980）所述，“消费的基本功能是（在社会中）展示（一定的）意义”。

即使农产品质量是消费者购买过程中的主观判断，它已经成为影响中产阶级购买决策的重要因素（Eves and Cheng，2007）。中国的中产阶级农产品消费不仅在量上而且在质上与其他消费者产生了巨大的区别。这一趋势抓住了部分农产品生产者的注意力，因为生产高质量农产品不仅能满足这些消费者需要，而且可能给生产者带来更高的收入。

中国人有独特的方式来衡量农产品质量。他们相信健康是自然平衡的结果，而疾病是不平衡的产物。食用自然、新鲜的食品能够帮助人类的身体和自然保持和谐的关系。由此，人的健康也能得到保证。这种被称为“食疗”的方法在公元前2000年就已经在中国出现（Liu，2006）。对于中国人来说，“食疗”包括两个很重要的方面：一个是新鲜（刚刚采摘或是烹制），其与口味、营养和健康（不含添加剂和防腐剂）相关联（Reid et al.，2001；Veeck and Burns，2005）；另一个是产地，中国人常常说，“橘生淮南则为橘，橘生淮北则为枳”。他们相信，由于产地特殊自然环境的影响，在特定地域生长的农产品会具有特殊的成分。而这些成分对于防治疾病和提高自我身体素质有极大的影响。辨别产地在中国人的农产品购买决策过程中起着决定性的作用。例如，中国东北三省所产的人参被认为比南方所产的人参含有更多更好的营养物质。因此，它们在市场上的价格有很大的差别。时至今日，这一传统仍在中国农产品市场上有着重大影响。

为了满足市场上部分消费者农产品质量需求，更为了帮助农民取得较高收入，发展地理标志体系作为一个农产品质量战略工程从20世纪90年代起被中国政府所推崇。这一体系看起来在市场上运作得十分成功，因为有很多地理标志农产品的价格在过去的10年间提升迅猛。比如，2001~2009年，西湖龙井茶的价格上升了50%（《中国质量报》，2009）。但是，消费者对于地理标志产品的信心不仅来源于传统，更来源于相信标志本身能够“保证”产品来自特定地域并已达到相应的标准使得农产品供应“清晰、可追溯和包含更低的风险”（Guthman，2004）。地理标志农产品的认证过程必须认真管理和监控，以防止假冒伪劣产品的出现。如果管控机制出现问题，生产者的信誉受到损害，则地理标志体系帮助农民在市场上取得长期高收入的能力就会有所下降。不幸的是，中国农产品的安全管控机制已经被很多研究者（Tam and Yang，2005；Calvin et al.，2006；Roth et al.，2008）证明是效率低下的。

第二节　中国食品安全监管体系

安全是农产品质量的重要组成因素。一个高质量的农产品必须是安全的。各国政府总是着眼于可衡量的安全标准来管控农产品质量，特别是在农产品丑闻已经使得食品质量问题成为一个严肃政治问题的今天。但是，食品安全监管体系的结构和效率在各国都不一样。这里先以英国为例来看欧洲的食品监管体系，以便于和中国的相应体系相比较。

在英国，政府的食品管控行为依照《1990 年食品安全法案》和欧盟所颁布的相关法律[①] 来保证消费者食用安全食品的权利以及防止假冒伪劣产品的出现（Mensah and Julien，2011）。为了保证在市场上售卖的食品是安全可食用的，在 2000 年议会法案主导下，一个独立的政府部门——食品标准局（Food Standards Agency）成立了。其职责是“与地方政府一起执行食品安全条例和输送职员进驻英国肉厂以保证所有食品安全规范都在工厂内得以执行”（Food Standards Agency，2011；Harvey，2004）。在食品标准局的监管下，地方政府食品执法人员（如环境卫生官员和贸易标准官员）担负起保证食品生产和加工过程中相关法律法令得以遵守的职责（Atkins and Bowler，2001）。在政府部门之外，独立第三方检查员也在英国的食品安全监管体系中发挥了非常重要的作用。依照《1990 年食品安全法案》，经营食品类的厂商和公司有义务对食品的生产、加工和售卖过程实施“应有的注意”以保证食品安全（Atkins and Bowler，2001）。换句话说，如果这些厂商和公司

① 如 The General Food Law Regulation（EC）178/2002 和 The General Food Regulations（2004）。

采用了合理的预防措施并已尽一切应尽的努力以避免食品安全问题，那么“应有的注意”条款就能够在食品安全问题发生时给生产者以保护（Mensah and Julien，2011）。因此，能够基于相关条款监控食品生产过程以在适当时候给食品厂商或公司提供“应有的注意”条款保护的第三方独立检察员开始在市场上活跃起来。法律、独立的政府部门（食品标准局）和当地政府执法人员，以及第三方独立监察人员一起合作，在英国市场上共同保证食品的安全问题[①]。

与英国相比，中国的食品质量监管体系相对繁复。在过去的几十年中，中国政府出台了一系列的法律来保障农产品的质量。例如，《中华人民共和国产品质量法》、《中华人民共和国食品安全法》、《中华人民共和国农产品质量安全法》等。同时，基于这些法律，数个部门被赋予了监管农产品质量的权力，特别是中国工商行政管理总局、中国质量监督检验检疫总局、中国农业部及中国卫生和计划生育委员会[②]。

（1）根据《中华人民共和国产品质量法》和《中华人民共和国食品安全法》，国家工商行政管理总局“承担监督管理流通领域商品质量和流通环节食品安全的责任”，并设置了专门的“食品流通监督管理司”来“负责流通环节食品安全监督管理，拟订流通环节食品安全监督管理的具体措施、办法；组织实施流通环节食品安全监督检查、质量监测及相关市场准入制度；承担流通环节食品安全重大突发事件应对处置和重大食品安全案件查处工作”。同时，由于国家工商行政管理总局关注商品流通环节，其对于农业投入品市场（如农药和化肥等）也有一定影响。

（2）依据《中华人民共和国产品质量法》和《中华人民共和国食品

① 除了食品标准局，环境署以及食品和农村部（关注农业环境和农村发展问题）也具有在农户层面上保证食品安全的义务（如防止农药的超标使用等）。

② 商务部、环境保护部以及公安部也对农产品质量拥有一定的监管权力。

安全法》，国家质量监督检验检疫总局“组织实施国内食品生产加工环节质量安全卫生监督管理。组织实施国内食品生产许可、强制检验等食品质量安全准入制度。负责调查处理国内食品生产加工环节的食品安全重大事故”，并设置了“食品生产监管司”“拟订国内食品、食品相关产品生产加工环节质量安全监督管理的工作制度；承担生产加工环节的食品、食品相关产品质量安全监管、风险监测及市场准入工作；按规定权限组织调查处理相关质量安全事故”。同时，由于其“参与制定并实施《中华人民共和国动物及动物源食品中残留物质监控计划》及《中华人民共和国动植物源性食品农药残留物质监控计划》，参与在全国范围内对动物及动物源性食品进行农兽药残留监测”，对于农资物品市场（如农药等）也具有一定的监管权力。

（3）基于《中华人民共和国农产品质量安全法》，农业部对于农产品质量负有从投入到产出的全程监管责任。其下设的“农产品质量安全监管局”主要职责为：“①起草农产品质量安全监管方面的法律、法规、规章，提出相关政策建议；拟订农产品质量安全发展战略、规划和计划，并组织实施。②组织开展农产品质量安全风险评估，提出技术性贸易措施建议；组织农产品质量安全技术研究推广、宣传培训。③牵头农业标准化工作，组织制定农业标准化发展规划、计划，开展农业标准化绩效评价；组织制定或拟订农产品质量安全及相关农业生产资料国家标准并监督实施；组织制定和实施农业行业标准。④组织农产品质量安全监测和监督抽查，组织对可能危及农产品质量安全的农业生产资料进行监督抽查；负责农产品质量安全状况预警分析和信息发布。⑤指导农业检验检测体系建设和机构考核，负责农产品质量安全检验检测机构建设和管理，负责部级质检机构的审查认可和日常管理。⑥指导农业质量体系认证管理；负责无公害农产品、绿色食品和有机农产品管理工作，实施认证和质量监督；负责农产品地理标志审批登记并监督管理。⑦指导建立农产品质量安全追溯体系；指导实施农产品包装标识和市场准入管理。⑧组织农产品质量安全执法；负责农产品质量安全突发事件应急处置；牵头整顿和规范农资市场秩序，组织开展打假工作，督办重大案件的查处；指导农业信用体系建设。⑨编制农产品质量安全领域基本建设规划，提出项目安排建议并组织实施；编制本领域财政专项规划，提出部门预算和专项转移支付安排建议并组织或指导实施；提出本领域科研、技术推广项目建议，承担重大科研、推广项目的遴选及组织实施工作。⑩开展农产品质量安全国际交流与合作。⑪指导归口管理的事业单位和社团组织的业务工作。"

（4）依据《中华人民共和国食品安全法》，国家卫生和计划生育委员会可进行"组织开展食品安全风险监测、评估，依法制定并公布食品安全标准，负责食品、食品添加剂及相关产品新原料、新品种的安全性审查"的相关工作。其下设的"食品安全标准与监测评估司"依法承担"组织拟订食品安全标准，组织开展食品安全风险监测、评估和交流，承担新食品原料、食品添加剂新品种、食品相关产品新品种的安全性审查，参与拟订食品安全检验机构资质认定的条件和检验规范"等工作（Tam and Yang，2005；Ministry of Agriculture，2010；国家质量监督检验检疫总局，2010；国家卫生和计划生育委员会，2013；国家卫生计生委食品安全标准与监测评估司，2014；State Administration for Industry and Commerce of P.R.C.，2010）。

首先，从管理学的角度看，这些部门在农产品质量监管方面的职责不够明晰且有较大重合。分散的农产品质量监督管理权限对于监管本身有极其负面的影响，因为"在一些方面，极端严厉的管理可能会出现；在另一方面，互相推诿责任可能会成为必然结果"（Tam and Yang，2005）。面对相互冲突或重叠被不同部委所采用的质量规章及标准和不明晰的监督管理权，一些农产品生产者就有机会制作和出售低质量的农产品。一个"劣币"驱逐"良币"的"柠檬市场"可能因此出现（Akerlof，1970）。

其次，对于中国来说，建立一个有效的食品质量监管体系来监督管理食品的生产及流通仍然是一个非常艰巨的任务（Tam and Yang，2005；Roth et al.，2008）。过去的很多研究表明，农产品质量问题能够被追溯到田间地头的具体种植工作中。但是，农民的种植行为在中国几乎是不可控制的（World Bank，2006）。Roberts 和 Engardio（2006）对这一现象做了具体解释。他们指出，通过农产品的种植而拿到高利润在当今中国几乎是不可能的。面对过于激烈的竞争，中间商只关注低价的供应商（农民）。因此，农产品生产者（农民）希望在最大程度上减少他们的投入，以便于压低供应价格。在这种情况下，使用大量的农药和化肥以减少人工投入成为最正常的行为（Williams，2005）。然而，由于较低的教育水平，农民没有完备的知识来正确使用化肥和农药。他们甚至经常认为，使用的化肥和农药越多，他们的产品就越好（Brogaard and Zhao，2002；Williams，2005）。错误或过量的使用就由此而产生。比如，农民可能在刚刚喷洒完农药之后不久就开始收割他们的作物而没有等待相应的安全间隔期。这样做的后果就是，收获的农产品上经常会发现高农药残留进而危害消费者的人身安全（Calvin et al.，2006）。由于中国的农村地区充斥着大量的小农户，如何通过较少的政府监管人员来保证农产品安全就成为一个难题。同时，中国市场上充斥着上百万的农产品经销商。绝大部分经销商的规模较小并习惯于使用现金与农民做一次性交易[①]（Calvin et al.，2006；Roth et al.，2008）。这种现象使得政府人员很难在市场上追踪或召回不安全的、质量低下的农产品。追逐高利润的愿望与无效的监管相结合，使得低质量不安全的农产品在中国市场上的售卖成为现实。就像 Roberts 和 Engardio（2006）所述，追逐利润本身不是问题，但是在没有监管

① 传统的农产品供应网络（而非工业化农产品供应网络）主导着中国的农产品产业。

的市场上追逐短期利润就会带来很多的问题。

最后，为了增加就业率及政府的财政收入，一些地方政府会对有质量问题的企业加以庇护。就像中国农业大学食品科学与营养工程学院的罗云波教授所描述的那样，如果中国政府关闭了所有生产不合格食品的厂商，很多人将会因此而失业（Engardio et al.，2007）。在现实中，也确实存在很多违反农产品质量安全条例的厂商能够取得合法生产证件的事件。比如，2010 年，拥有相应执照的季季红火锅连锁店就被曝在火锅中使用不安全的食品添加剂。

各种法律、不同部门间重合的监管职责、低效的监管系统和被庇护的生产经营厂商结合起来对中国食品安全监管体系提出了挑战。面对这一情形，在中国政府支持下发展的理应向农产品提供更多质量保证的中国地理标志体系对于农产品质量的影响就值得深思。

第三节　中国地理标志法律体系

用地理名称来标识特定农产品的习惯在中国已有数千年的历史，如金华火腿、高邮咸鸭蛋、西湖龙井茶等。然而，直至 1985 年成为《保护工业产权巴黎公约》的缔约国之后，用来保护及推进地理标志产品的法律和规章才开始在中国出现。今天，中国政府已经建立了三个分别由国家工商行政管理总局、国家质量监督检验检疫总局以及中国农业部主导的地理标志体系。

依托于《商标法》，国家工商行政管理总局建立了我国第一个地理标志体系。1993 年，《商标法》修订，其中就声明地理标志能够作为一种集体商标或证明商标予以注册。2001 年 10 月 27 日，《商标法》被再次修订以满足加入世界贸易组织（WTO）的要求。2001 年的《商标法》第三条指出，“集体商标”是指“以团体、协会或者其他组织名义注册，供该组织成员在商事活动中使用，以表明使用者在该组织中的成员资格的标志”，“证明商标”是指“由对某种商品或者服务具有监督能力的组织所控制，而由该组织以外的单位或者个人使用于其商品或者服务，用以证明该商品或者服务的原产地、原料、制造方法、质量或者其他特定品质的标志”。第十六条第二款定义“地理标志”是指“标示某商品来源于某地区，该商品的特定质量、信誉或者其他特征，主要由该地区的自然因素或者人文因素所决定的标志”。这一定义大致与《与贸易有关的知识产权协议》上的定义一致，但也有所出入。例如，《与贸易有关的知识产权协议》提及质量“归因于它的地理来源”，而《商标法》更具体化为“该地区的自然因素或者人文因素所决定”(Trademark Office，2003；World Trade Organization，2009）。

根据《商标法》，2003 年国家工商行政管理总局出台了《集体商标、证明商标注册和管理办法》（以下简称《办法》）对中国地理标志体系进行更细致化的管理。依照《办法》，中国申请地理标志的团体、协会或者其他组织必须向商标局提出申请并“应当在申请书件中说明下列内容：①该地理标志所标示的商品的特定质量、信誉或者其他特征；②该商品的特定质量、信誉或者其他特征与该地理标志所标示的地区的自然因素和人文因素的关系；③该地理标志所标示的地区的范围”（第七条），以及“还应当附送管辖该地理标志所标示地区的人民政府或者行业主管部门的批准文件”（第六条）。同时，第十七条及第十八条指出，“集体商标注册人的集体成员，在履行该集体商标使用管理规则规定的手续后，可以使用该集体商标。集体商标不得许可非集体成员使用”，“凡符合证明商标使用管理规则规定条件的，在履行该证明商标使用管理规则规定的手续后，可以使用该证明商标，注册人不得拒绝办理手续”。在《办法》出台之后，国家工商行政管理总局于 2007 年又发布了地理标志产品专用标志（见图 3-5），表明“使用该专用标志的产品的地理标志已经国家工商行政管理总局商标局核准注册”（《地理标志产品专用标志管理办法》）（国家知识产权局，2008）。

图 3-5　国家工商行政管理总局地理标志产品专用标志

第二个地理标志体系由前国家质量技术监督局依据其所发布的《原产地域产品保护规定》于 1999 年建立，此规定是中国第一个专有的保护地理标志的规章。2001 年，国务院决定合并国家质量技术监督局与国家出入境检验检疫局，组建中华人民共和国国家质量监督检验检疫总局。2005 年 7 月 15 日，中华人民共和国国家质量监督检验检疫总局发布了《地理标志产品保护规定》并随后公布相应的地理标志认证图案（见图 3-6），同时对《原产地域产品保护规定》予以废止。新规定的第二条指出，“本规定所称地理标志产品，是指产自特定地域，所具有的质量、声誉或其他特性本质上取决于该产地的自然因素和人文因素，经审核批准以地理名称进行命名的产品”。第八条明确地理标志的申请“由当地县级以上人民政府指定的地理标志产品保护申请机构或人民政府认定的协会和企业（以下简称申请人）提出，并征求相关部门意见”。提交材料亦明确为：“①有关地方政府关于划定地理标志产品产地范围的建议。②有关地方政府成立申请机构或认定协会、企业作为申请人的文件。③地理标志产品的证明材料，包括：a. 地理标志产品保护申请书；b. 产品名称、类别、产地范围及地理特征的说明；c. 产品的理化、感官等质量特色及其与产地的自然因素和人文因素之间关系的说明；d. 产品生产技术规范（包括产品加工工艺、安全卫生要求、加工设备的技术要求等）；e. 产品的知名度，产品生产、销售情况及历史渊源的说明。④拟申请的地理标志产品的技术标准”（第十条）。很明显，与国家工商行政管理总局相比，国家质量监督检验检疫总局规定的条件明显严苛，申请材料更加复杂。为了使用地理标志，新规定第二十条还声明，“地理标志产品产地范围内的生产者使用地理标志产品专用标志，应向当地质量技术监督局或出入境检验检疫局提出申请，并提交以下资料：①地理标志产品专用标志使用申请书。②由当地政府主管部门出具的产品产自特定地域的证明。③有关产品质量检验机构出具的检验报告。上述申请经省级质量技术监督局或直属出入境检验检疫局审核，并经国家质检总局审查合格注册登记后，发布公告，生产者即可在其产品上使用地理标志产品专用标志，获得地理标志产品保护”。作为一个管理部门，即使在批准使用相应的地理标志之后，国家质量监督检验检疫总局依旧保留有监督管理地理标志产品的权力，就像新规定第二十二条所陈述，“各地质检机构对地理标志产品的产地范围，产品名称，原材料，生产技术工艺，质量特色，质量等级、数量、包装、标识，产品专用标志的印刷、发放、数量、使用情况，产品生产环境、生产设备，产品的标准符合性等方面进行日常监督管理”（国家质量监督检验检疫总局，2006）。

图 3-6　中华人民共和国国家质量监督检验检疫总局地理标志认证图案

我国第三个地理标志体系由中国农业部依据其所发布的《农产品地理

标志管理办法》于 2008 年建立，相应标识图案亦随之公布（见图 3-7）。在该办法中，农产品地理标志被定义为“标示农产品来源于特定地域，产品品质和相关特征主要取决于自然生态环境和历史人文因素，并以地域名称冠名的特有农产品标志”（第二条），其使用范围亦被限定为“来源于农业的初级产品，即在农业活动中获得的植物、动物、微生物及其产品”。地理标志的申请者必须为“县级以上地方人民政府根据下列条件择优确定的农民专业合作经济组织、行业协会等组织：①具有监督和管理农产品地理标志及其产品的能力；②具有为地理标志农产品生产、加工、营销提供指导服务的能力；③具有独立承担民事责任的能力”（第八条）。申请者需向“省级人民政府农业行政主管部门提出登记申请”，并提交“①登记申请书；②申请人资质证明；③产品典型特征特性描述和相应产品品质鉴定报告；④产地环境条件、生产技术规范和产品质量安全技术规范；⑤地域范围确定性文件和生产地域分布图；⑥产品实物样品或者样品图片；⑦其他必要的说明性或者证明性材料”（第九条）。关于地理标志的申请使用，在该办法第十五条中也做了详细说明：“符合下列条件的单位和个人，可以向登记证书持有人申请使用农产品地理标志：①生产经营的农产品产自登记确定的地域范围；②已取得登记农产品相关的生产经营资质；③能够严格按照规定的质量技术规范组织开展生产经营活动；④具有地理标志农产品市场开发经营能力。使用农产品地理标志，应当按照生产经营年度与登记证书持有人签订农产品地理标志使用协议，在协议中载明使用的数量、范围及相关的责任义务。农产品地理标志登记证书持有人不得向农产品地理标志使用人收取使用费”。和国家质量监督检验检疫总局一样，农业部也保留了对地理标志产品的监督检查权力。如该办法第十八条所述，“县级以上人民政府农业行政主管部门应当加强农产品地理标志监督”（中国农业部农产品质量安全中心，2008）。

在中国，国家工商行政管理总局、国家质量监督检验检疫总局以

图 3-7 农业部地理标志认证的公共标识基本图案

及中国农业部依据不同的法律及规章，建立了三个平行的地理标志法律体系（见表 3-2）。虽然在理论上，地理标志农产品的质量特性能够通过认证过程加以保障，但重复的管理（三个部门皆有签发地理标志和监管地理标志产品质量的权力）和潜在的冲突（如不同部门可能采用不同的生产规章及质量标准来判定地理标志产品是否能够通过认证）仍然使得假冒伪劣地理标志农产品有在市场上存活的机会（中国知识产权局，2011）。中国地理标志体系在保证农产品质量方面的效力依然存疑。

表 3-2 中国三个平行的地理标志法律体系

主管部门	国家工商行政管理总局	国家质量监督检验检疫总局	中国农业部
相关法律法规发布时间	1993/2001	1999/2005	2007
适用法律/法规	商标法；集体商标、证明商标注册和管理办法	地理标志产品保护规定	农产品地理标志管理办法
地理标志定义	标示某商品来源于某地区，该商品的特定质量、信誉或者其他特征，主要由该地区的自然因素或者人文因素所决定的标志	产自特定地域，所具有的质量、声誉或其他特性本质上取决于该产地的自然因素和人文因素，经审核批准以地理名称进行命名的产品	标示农产品来源于特定地域，产品品质和相关特征主要取决于自然生态环境和历史人文因素，并以地域名称冠名的特有农产品标志
申请者	团体、协会或者其他组织	当地县级以上人民政府指定的地理标志产品保护申请机构或人民政府认定的协会和企业	县级以上地方人民政府根据一系列条件择优确定的农民专业合作经济组织、行业协会等组织

续表

主管部门	国家工商行政管理总局	国家质量监督检验检疫总局	中国农业部
申请材料	①该地理标志所标示的商品的特定质量、信誉或者其他特征 ②该商品的特定质量、信誉或者其他特征与该地理标志所标示的地区的自然因素和人文因素的关系 ③该地理标志所标示的地区的范围，以及管辖该地理标志所标示地区的人民政府或者行业主管部门的批准文件	①有关地方政府关于划定地理标志产品产地范围的建议 ②有关地方政府成立申请机构或认定协会、企业作为申请人的文件 ③地理标志产品的证明材料，包括：a. 地理标志产品保护申请书；b. 产品名称、类别、产地范围及地理特征的说明；c. 产品的理化、感官等质量特色及其与产地的自然因素和人文因素之间关系的说明；d. 产品生产技术规范（包括产品加工工艺、安全卫生要求、加工设备的技术要求等）；e. 产品的知名度，产品生产、销售情况及历史渊源的说明 ④拟申请的地理标志产品的技术标准	①登记申请书 ②申请人资质证明 ③产品典型特征特性描述和相应产品品质鉴定报告 ④产地环境条件、生产技术规范和产品质量安全技术规范 ⑤地域范围确定性文件和生产地域分布图 ⑥产品实物样品或者样品图片 ⑦其他必要的说明性或者证明性材料
申请使用条件	① 集体商标： 使用者：集体商标注册人的集体成员 使用条件：履行该集体商标使用管理规则规定的手续 ②证明商标： 使用者：申请者 使用条件：符合证明商标使用管理规则规定条件；履行该证明商标使用管理规则规定的手续	使用者：产地范围内的生产者 使用条件：提出申请；提交以下资料： ①地理标志产品专用标志使用申请书 ②由当地政府主管部门出具的产品产自特定地域的证明 ③有关产品质量检验机构出具的检验报告；申请经省级质量技术监督局或直属出入境检验检疫局审核，国家质检总局审查合格注册登记及发布公告	使用者：单位和个人 使用条件：按照生产经营年度与登记证书持有人签订农产品地理标志使用协议，在协议中载明使用的数量、范围及相关的责任义务

第四节　本章小结

通过关注农民和农村收入以及市场中生产者和消费者信息不对称的问题，本章回顾了过去 30 年间中国农业产业的发展历程，描述了逐渐扩大的城乡收入差距，并分析了中国农产品质量监管体系以及中国地理标志法律体系。这些数据显示：①中国的地理标志体系主要由政府推动，以提高农民和农村收入及保持社会稳定为目的；②导致当代中国农产品市场上丑闻频出的原因可能是繁复的法律、不同部门间重合的监管职责、低效的监管系统和被庇护的生产经营厂商；③虽然从理论上说，地理标志农产品和普通农产品的区别应该是“质量”，但对拥有三个框架的中国地理标志法律体系在保证地理标志农产品达到“预设”质量标准的能力依然存疑。

在剖析了中国地理标志体系依存的政治、经济和社会环境之后，为了达到本书的研究目的——衡量中国地理标志体系对农产品质量的影响，下一章将开始寻找合适的研究方法以使得实证分析能得以进行。

第四章

研究方法

第一节　研究范式及理论框架

所有的研究都基于一个假设：是什么构成了“有效”的研究。为了找到一个合适的研究方法，所有的研究者都必须先了解这一假设，然后选择一个答案进行后续研究。

社会学者进行研究的基础是他们的本体论和认识论。只有在确认了这两项之后，具体的研究方法才能有逻辑地被选择。Blaikie（2000）定义本体论为“假设和确认什么构成了社会的真实，什么是存在，什么是感觉，什么构成了个体以及这些个体如何作用于彼此。换句话说，本体论假设的重点放在我们相信什么构成了社会的真实”。Snape 和 Spencer（2003）则指出，本体论是研究者关于“什么是社会的真实以及我们如何认识世界的真实”的想法。换句话说，一个研究者的本体论是他/她关于“社会是否能够脱离人的意识及诠释而真实存在，是否存在一个公认的社会真实或仅仅只是在一定环境下的具体的事实，以及是否社会行为被不变的/广义的‘规范’所左右”的答案。仅仅只有在这些问题被回答之后，社会研究学者才能讨论关注于“解释知识的本质”的认识论，以便于回答“如何能够获得知识”和“我们如何能够认识真实以及什么构成了我们所谓的知识”等问题（Blaikie，2000）。在社会学的研究中，基于研究的本体论和认识论，Orlikowski 和 Baroudi（1991）提出了三个研究范式：实证主义、诠释主义和批判主义。Guba 和 Lincoln（2005）则认为存在四个研究范式：实证主义、后实证主义、批判主义和结构主义。Denzin 和 Lincoln（2005b）的看法则略有不同，他们划分出了另外四个研究范式：实证主义和后实证主义、结构主义和诠释主义、批判主义，以及女性主义和解构主义。在这些分歧中，有三个范式几乎被所有研究者所肯定。它们分别是实证主义、诠释主义和批判主义，如图 4-1 所示。

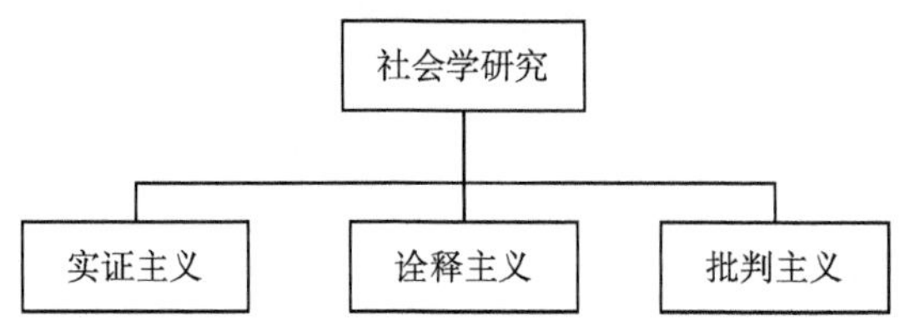

图 4-1　三个社会学研究中的公认范式

实证主义相信“真实世界”存在于我们的认知之外。观察者能够观察到各类社会现象之间“真实”和“客观”的联系（Sarantakos，2005；Myers，1997）。这些真实独立于研究者和他们所采用的工具，并能够被客观的、可衡量的标准所描述。实证主义者试图通过假设和量化分析来解释社会现象产生的原因，希望发现社会规律以便于做出预测（Smith，1996；Sarantakos，2005）。但由于实证主义的目标（解释、预测和控制）缺乏对社会的理解（Guba and Lincoln，2005），故而难以对社会现象进行完美的分析。比如，所有社会财富的产生都依赖于人类的投入。如果目标是生产高质量产品，所有的生产参与者都必须朝这个目标努力。对于实证主义者来说，鉴于个体的行为能像机械上的螺丝钉被完全控制（实证主义的目标之一），高质量的产品就能够被统一生产。但这一情形在真实世界中是不可能存在的。因此，社会学研究中，实证主义经常被用来检测理论以便于增加对可预测的社会现象的理解（Myers，1997）。

在实证主义强调解释和预测社会现象时，诠释主义则期望能够理解社会现象以及对于社会个体来说某些具体行为的意义。诠释主义者拒绝相信有超越人类认识的“真实”世界的存在，并相信“真实”不独立于观测者。社会现象是完全基于个人投入而形成的社会构建（Sarantakos，2005）。换句话说，世界不能独立于人类主观理解而被观察和测量（Burrell and Morgan，1979）。由于社会现象仅仅存在于行动者和观测者的认知中，诠释主义就不求分辨独立或非独立变量，但求理解社会现象以及其对于各人群的意义（Kaplan and Maxwell，1994）。量化研究方法因此被诠释主义者所摒弃。相应地，质化研究方法被认为更适合于取得对社会结构深层次的理解和分析不同的陈述如何构建“真实的”社会现象（Moore，2010）。

批判主义也构建于“非实证主义”基础之上。批判主义研究者假设“社会的真实是历史构成的。而历史是由人类创造并被人类再创作的”（Myers，1997）。基于历史的真实主义和相互作用的认识论，批判主义相信人类活动能够改变他们的社会和经济现状，但其能力也被社会习俗和政治环境所约束（Guba and Lincoln，2005）。批判主义的研究关注当代社会的对立、冲突以及矛盾，并期望在所有领域降低控制、增加自由度[①]。由于批判主义试图解释情境并提出建议来改变人类“被奴役”的现状，研究者们更关注研究的结果是否能解放人民/解决问题而非获取知识。换句话说，批判主义的研究目的是利用研究结果改变社会现状。而这一目的使得批判主义可以采用量化亦可采用质化研究

① 如 Horkheimer（1982）所述，批判主义应该“将人类从奴役他们的情境下解放出来”。

方法（Sarantakos，2005）。

由于本书试图衡量中国地理标志体系对农产品质量的影响，诠释主义应该更适合本书的研究目的。但鉴于不同的研究者对于如何诠释社会现象仍有分歧，一些诠释主义分支因此出现。Burrell 和 Morgan（1979）提出了四个基于诠释主义的分支：唯我论、现象学、现象社会学和解释学。Schwandt（2000）则认为有三个分支存在：社会建构主义、解释学和诠释学（见图 4–2）。为了构建一个清晰的理论模型，较简单的 Schwandt（2000）的模型将会在本书中被采用。

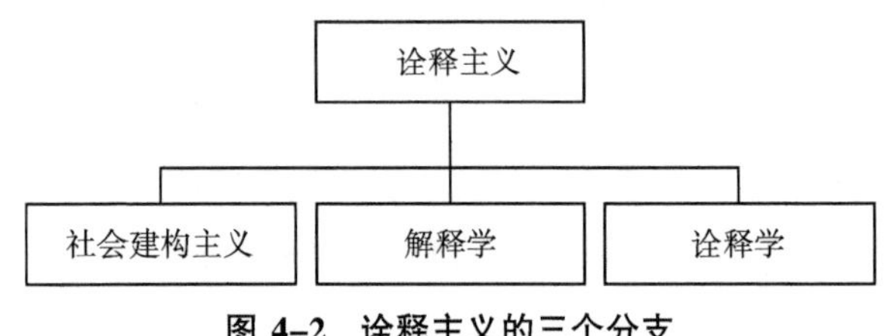

图 4–2 诠释主义的三个分支

资料来源：Schwandt（2000）。

社会建构主义者相信"在实践中没有客观现实，也没有客观真理"。真实是构建在"一定文化和历史情境下的个人解释和认知"（Sarantakos，2005）。换句话说，人们所感知的并不是"真实"事件，而是基于他们的经验和解释所构建的"真实"。由于这里并没有所谓的"真实"，研究者所能做的只能是再次构建真实。这一哲学思想因此期望"重新构建对社会的理解"（Denzin and Lincoln，2005b）。研究者不是寻求知识而是重新构建知识体系。由于研究者期望重新构建对真实世界的理解而不是真实的世界本身（Shadish，1995），其研究结果经常会被个人观点所左右，以至于变成个人对于社会事件的理解（Denscombe，2002）。

与社会建构主义者不同，解释学者期望基于一个理论框架，在关注情境因素及原有目的的基础上解释社会现象。他们认为，只有通过全面了解社会现象产生的情境基础才能更好地在当地错综复杂的关系中解释社会现象（Patton，2002）。传统的解释学者通常会将故事、法规和圣经等文字性内容放置在成文时的历史和习俗条件下解释这些文字的内在含义（Kneller，1984）。而在现代社会中，他们则不仅研究文字而且研究所有与人类思想相关的行为、产品、组织等在一定社会习俗条件下的表现。总而言之，解释主义要求研究者去理解其他个体的观点，并把研究重点放在一定情境下人类行为的含义和目的上。

诠释主义试图“在一定的社会习俗和历史条件下诠释社会生活”（Crotty，1998），并期望在摒弃研究者主观想法的基础上“建构社会状况和日常运行模式，并以此作为基础解释个体的看法和意见，其研究重点放在呈现社会结构上”（Sarantakos，2005）。一方面，诠释学和解释学很相像，它们都相信需要在一定的情境下才能完全理解人类的社会行为；另一方面，由于行为的意义依然要依靠研究者的解释才能得以呈现，基于不同研究人员的不同解释方法，诠释学和解释学的区别出现了（Schwandt，2000）。对于诠释学者来说，他们相信研究者的自身偏见能够在研究的过程中被避免，故而对现实真实的描述能够通过研究被呈现。但解释学者认为研究者不能把他们自己从研究中摘离出来（Patton，2002；Schwandt，2000），所以不存在不带个人偏见的研究结果。

诠释主义者关注解释和理解，“首先，行动者采取行动的原因；其次，行动者构建他们生活的方法以及各个行为的隐含含义；再次，社会行为发生的社会情境”（Sarantakos，2005）。由于本书试图通过在一定的社会情境下分析不同行动者的行为来解剖质量形成过程中的权力关系，进而得出中国地理标志体系在农产品质量影响方面的结论，同时研究者的个人主观影响被相信可以通过精心组织的研究过程而避免增加数据的可信性，诠释主义更适合在研究中被采用。

第二节 定性研究及案例分析方法

研究范式不仅提供了进行研究的逻辑和结构基础而且限制了具体的研究方法（Sarantakos，2005），与关注世界观的研究范式相比，研究方法是“一组技能、假设和实践，以使得研究者能够从范式的逻辑思维上转移到真实世界中”。在社会学研究领域使用的两个研究方法分别是量化研究方法和质化研究方法。由于量化研究方法常常使用一系列的样本来测试假设，它就被定义为“一个研究社会事件、理解他们及他们中间联系的方法。由此，普遍性的因果定律就能够被发现、解释和记录（其目的是使社会事件发生的时间和后果能被预测甚至被控制）”。而质化研究方法则试图构建知识（Stake，1995），基于语言和非数字化的数据对人类行为的意义进行解释。

在农产品网络中，质量的形成不仅受到情境的影响，更被不同行动者之间的权力关系所支配。在诠释主义的范畴下，通过“探讨社会情境构建过程”（Sarantakos，2005）以“理解其他人员/事件”（Vidich and Lyman，2000）的质化研究方法应该更适合本书的研究目的——通过深层次地理解行动者在质量形成过程中的行为及这些行为发生的原因来探究地理标志体系在农产品质量方面的影响。

但质化研究方法并不简单。它也包括很多种研究战略/理论，如扎根理论、田野研究和案例分析等。扎根理论试图在系统收集和分析数据的基础上形成理论（Myers，1997），故此，Martin 和 Turner（1986）定义扎根理论是“一个归纳性的理论形成方法”。它强调从资料中提升理论，认为只有通过对资料的深入分析才能逐步形成理论框架。田野研究则是“系统地研究在真实生活中发生的一般性的事件和行为”

(Sarantakos, 2005)。它研究发生在“自然状态”下的而非为了进行研究而故意为之的事件和行为 (Lincoln and Guba, 1985)。田野研究的优势在于研究者可以通过当地人的视角近距离地观察真实事件,但其缺点在于研究花费时间过长以及由于费用和时间限制导致的样本数过少。与田野研究不同,案例研究需要的时间较少,还能对社会现象中相关活动有全面性的了解 (Tellis, 1997; Fisher, 2007)。Yin (2009) 认为案例研究“是在真实的情境下研究社会现象的实证调查。特别适用于社会现象和所处情境之间的边界不甚清晰的时候”。Denzin 和 Lincoln (2005a) 则相信案例分析更适用于回答“为什么”和“如何”之类的问题以及调研结果是“为何”或“如何出现的”。由于本研究试图通过调查不同行动者在质量形成过程中的权力关系来解析地理标志体系在农产品质量方面的影响 (一个“如何”的问题),并且在地理标志农产品网络中现象和所处情境之间的边界也不清晰 (如松散的政府监管系统是现象同时也是情境因素),案例分析法应该是在有限的时间内最适合于本研究目的的方法。实际上,案例分析法已经在农产品质量研究和替代性产品网络分析中被研究者广泛使用,如表 4-1 所示。

表 4-1 采用案例研究法的农产品质量研究和替代性农产品网络分析

作 者	方 法	研究目的
Ilbery 和 Kneafsey (2000a)	案例分析法 (1 个案例)	调查在消费者的影响下,区域性特色农产品的生产者如何定义产品质量
Parrott、Wilson 和 Murdoch (2002)	案例分析法 (2 个案例)	研究食品质量在不同地域的不同含义
Stassart 和 Whatmore (2003)	案例分析法 (1 个案例)	调查特定牛肉产品中所含信息在降低消费者“风险”知觉方面的效用
Mansfield (2003a)	案例分析法 (1 个案例)	分析质量的地域特性
Holloway 和 Kneafsey (2004)	案例分析法 (4 个案例)	研究与农户直接交易的行为对消费者质量知觉方面的影响
Lockie 和 Halpin (2005)	案例分析法 (1 个案例)	研究工业化农产品网络和替代性产品网络之间的内部联系
Morgan、Marsden 和 Murdoch (2006)	案例分析法 (2 个案例)	衡量消费行为对 Tuscan 地区食品特征的影响

续表

作　者	方　法	研究目的
Gamble 和 Taddei（2007）	案例分析法（1 个案例）	分析在法国葡萄酒产业中，生产者是如何应对市场变化的
Kneafsey、Cox、Holloway、Dowler、Venn 和 Tuomainen（2008）	案例分析法（6 个案例）	分析替代性农产品网络中食品生产者和消费者的行为特征
Danold（2009）	案例分析法（2 个案例）	研究不同的“质量”定义是如何影响食品和葡萄酒产业链的

案例分析法也并不只有一种形式。Stake（1995）曾提出三种案例分析法：①单一且深入的案例分析法，这一方法试图研究单一的案例以得出相应结论；②工具性的案例分析法，这一方法试图通过单一的案例来洞察一个一般性的问题或证明/完善理论；③集合性的案例分析法，采用这一方法的研究者对于单一的案例不感兴趣，他们期望通过多个案例的分析来研究一个特定的社会问题/现象/条件/群体。前两类案例分析法只针对单一案例，这使得结论的可信度偏低。基于一个案例并假设同类案例都能够不证自明是不可取的（Hamel et al.，1993；Yin，2009）。如果研究者希望理解一个具有普遍性的现象，他们应该做的是选择多个案例进行研究（Stake，2005）。越多的案例被研究，越可靠的结论才可能被得出。就像 Tellis（1997）解释的那样，通过对每个案例的细节进行描述，首先在案例分析中对研究主题一一阐述，其次围绕主题进行跨案例分析，最后在诠释章节总结调查结果和跨案例分析结论，对多个案例进行分析的方法就能够提供对某些社会现象的全局性理解，而结论也能通过几个案例中标明的重复性细节使人信服。由于本书试图分析一个具有普遍性的话题——中国地理标志体系，根据前人的研究，进行多个案例的分析应该有助于得出更具有普遍性的、可信性的结论。

在选择了集合性的案例分析法之后，随之而来的问题是要用多少个案例进行分析。Tellis（1997）和 Venn 等（2006）都指出，集合性的案例分析法通常使用不超过 3 个案例进行分析。Yin（2009）也认为，如果在调研正式开展前，研究者预测到案例可能会得出相似的结论，那么进行 2~3 个案例的研究是合适的。基于大部分进行农产品网络和质量研究的研究者（见表 4-1）都只进行了 1~4 个案例的研究，本书将选择 3 个案例进行调查。

第三节 数据收集

一、案例选择

在确定了研究范式、研究方法和研究战略之后，收集数据的具体方法就应该被仔细考虑和权衡（Denzin and Lincoln，2005a）。Vaughan（1992）强调，只有在仔细选择案例的情况下，研究者才有可能取得对所研究问题全面且深入的了解。在一个研究中，选择正确的案例是很重要的一个部分，因为所选择的案例被期望能够具有同类案例的所有特征以利于得出普遍性的结论。Stake（2005）指出，正确的案例选择能够最大化研究发现，但研究者必须考虑到数据获取难易以及时间问题。因此，基于对取得数据的可能性、时间限制以及地理标志产品的全国分布性等方面的考虑，3 个江西省的案例被一一选择。

根据中国国家统计局（2011）数据，江西省地处中国的东南部，长江中下游，是一个被安徽、浙江、福建、广东、湖南和湖北 6 省围绕的内陆省份。作为中国的农业大省，江西省的自然环境在农作物的生产方面堪称优秀。它不但具有充足的日照和降雨，肥沃的土地和温和的气候，而且在一些地区种植季能达到每年 11 个月。2010 年，凭借所拥有的 282.71 万公顷耕地（全国总耕地面积的 2.32%）、1072.22

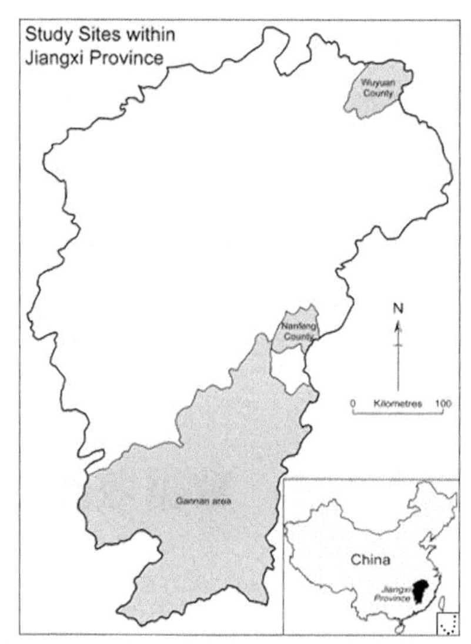

图 4–3 研究区域在中国江西省的地理位置

万公顷林地（全国总林地面积的 3.51%）和 42.45 万公顷淡水养殖面积（全国总淡水养殖面积的 9.11%），江西省生产了 1954.7 万吨粮食（全国粮食总产量的 3.58%）、188.3 万吨鱼（全国淡水鱼总产量的 8.46%）、107.6 万吨油料作物（全国总油料作物的 3.33%）、268.6 万吨柑橘（全国总柑橘产量的 10.15%）。但是，相对于高比例的农业就业人数（888.6 万人在江西省境内从事农产品的生产加工工作——约占全省就业人数的 35.56%，全国第一产业就业人数的 3.2%）来说，江西省的农业总产值相对偏低。2010 年，江西省农业（包括农林牧副渔等方面）总产值仅为 1900.6 亿元，约占全国总产值的 2.74%。为了提高农民收入，基于农业部的建议和自身的农业优势，江西省商务厅自 2003 年开始推行农产品的“质量”战略，鼓励企业、协会以及各县政府依附于各种证明体系（如中国绿色食品体系及地理标志体系）推广本地特色农产品，以达到提高农村及农民收入的目的（江西省统计局和国家统计局江西调查总队，2011；中国国家统计局，2011）。

根据北京中郡世纪地理标志研究所课题组的研究，截至 2010 年底，1949 个产品（94.9%为农产品）已经被注册为地理标志产品。他们中的一些产品只在一个地理标志框架中注册过，一些在两个地理标志框架中注册过，但只有 18 个产品在所有的三个地理标志框架中都注册过（见图 4-4）。这 1949 个产品中的 67 个来自江西省，这个数字略高于全国平均水平（64 个省/直辖市/自治区）但远远高于全国中位数（50 个省/直辖市/自治区）。若以地理标志产品产值计算，江西以349.76 亿元名列全国第十。相较于 2010 年江西省农业总产值（1900.6 亿元），地理标志农产品已经成为江西农业中不可或缺的重要组成部分（中国国家统计局，2011；江西省统计局和国家统计局江西调查总队，2011；北京中郡世纪地理标志研究所课题组，2011）。

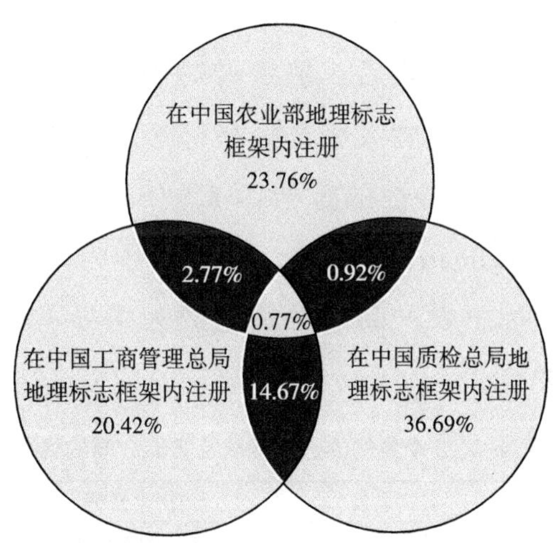

图 4-4 地理标志产品在三个体系中的注册情况

资料来源：北京中郡世纪地理标志研究所课题组（2011）。

Renting 等（2003）指出，案例分析法应该在仔细规划的前提下使用，以便于能使用最少的案例得出具有普遍性的结论。具体案例的选择应依赖于案例本身的质量（数据的可取得性等）和它们理论推理的逻辑性（而非代表性）。由于本书所建立的农产品质量理论模型已经表明农产品质量是在一定的政治、社会和经济环境下，由网络内不同行动者之间的权力关系所构建的，网络所处的环境和具有的不同行动者类别被认为是在江西省选择合适研究案例的两类重要标准。首先，基于 Cassis 葡萄酒、帕尔玛火腿和佛罗里达柑橘的网络可知，历史和农场的平均大小对农产品的质量方面有重大影响。但是，在家庭联产承包责任制的影响下，中国农户所拥有的土地面积一般较小。故而，仅仅只有历史因素在选择本研究案例时被加以考虑。其次，中国有三个平行的地理标志体系，分别由国家工商行政管理总局、国家质量监督检验检疫总局及国家农业部主导。考虑到不同的体系可能对农产品质量有不同的影响和要求，地理标志产品的注册情况成为案例选择的第二个标准。再次，不同类型的行动者是案例选择的第三个指标。有些农产品需要加工而有些农产品并不需要加工。但一旦大加工商在网络中出现，基于自身加工和销售农产品的强大能力，他们在质量形成过程中的作用就极为关键。最后，消费者对于地理标志农产品质量的判定也被认为是一个关键性的案例选择指标。消费者的偏好是绝大部分生产者公认的影响质量特性的重要因素（Storper，1997；Morgan and Murdoch，2000；Goodman，2003）。故此，作为网络中重要行动者的消费者，对于地理标志农产品的看法也成为指导本研究案例选择的重要指标（见表 4-2）。

表 4-2　3 个案例的选择标准及它们之间的区别

		赣南脐橙	南丰蜜橘	婺源绿茶
选择标准	历史	较短的种植历史	上千年的种植历史	上千年的种植和加工历史
	注册框架	在国家工商行政管理总局和国家质量监督检验检疫总局主导的两个框架下都有注册	在所有的三个框架下都有注册	在所有的三个框架下都有注册
	加工商	不存在	不存在	存在
	市场质量声誉	稳定	下降	上升

为了选择适当的案例，一个由 4 位学者和 12 位消费者参与的预调查在 2010 年展开。4 位学者分别来自江西财经大学和江西农业大学，他们都对农产品或农产品质量进行过先期研究。与 4 位学者的访谈目的在于选择合适的案例以及收集有关信息（如调研中可能的被访谈者），与学者的访谈开始于介绍本研究的背景、目的和前文提出的农产

品质量理论模型。学者们的建议在案例的选择和未来可能的被调研者选择方面十分有帮助。他们指出，选取有知名度的地理标志较好，因为它们更有价值（大量的产出和产值），更加具有研究可能性（更多潜在被调查者和历史数据）。他们还提出，应该选择由大量“小农户”组成的地理标志农产品网络，因为这些网络更具有代表性（极少量地理标志产品由单个企业集团申报并把持）。对于具体的调研工作，他们还建议首先联系当地政府管理人员，因为地理标志产品总是在当地政府支持下申报的（这意味着政府方面拥有大量的相关资料）。并且，如果没有当地政府人员的引荐，一些被调查者（如质量标准的拟定者）可能会拒绝回答相关问题。

由 12 位消费者参与的预调查在访谈了 4 位学者之后也随之进行。针对消费者的访谈重点在于选择众所周知的有着不同质量声誉的江西省地理标志农产品①。他们中的 8 个依据不同的年龄层次（21~30 周岁，31~40 周岁，41~50 周岁，51~60 周岁）及性别在一个大型超市中被随意选取。而另外 4 个则来自于江西省农业厅，因为他们被认为是更理性的消费者而且能够用客观的数据证明他们的观念。12 个消费者都被要求列出至少 5 个他们认为最知名的江西省地理标志农产品，并为这些产品的质量声誉进行个人评分。最终 16 个产品被这 12 个消费者所提及。考虑到历史因素，所关联到的地理标志体系，加工商存在与否，不同的市场质量声誉，以及 4 位学者的建议，最终“赣南脐橙”、“南丰蜜橘”、“婺源绿茶”3 个地理标志农产品网络被选择进行调研。其中，选择两个相似产品（赣南脐橙和南丰蜜橘）的原因在于期望能够通过具有不同市场声誉的相似农产品的跨案例比较分析得出更具信服力的结论。

① 本次调研关注地理标志农产品质量。比较具有不同质量声誉的地理标志农产品更有利于得出可信结论。同时，消费者看法/偏好也被认为是本研究案例选择的标准之一。

二、数据采集

（一）半结构性访谈和文献研究

研究战略的选择决定了研究者收集数据的方法。Tellis（1997）、Yin（2003）和Fisher（2007）指出，案例分析法的研究数据来源主要有观察法、访谈法和文献研究法。同时，他们也提及，不同来源的数据比单一来源更有效并更可能得出可信的研究结论。

观察法可以用来研究所有可见的社会现象。它是社会学研究中最古老的收集数据的方法之一，常常在田野研究中被采用。然而，即使这种方法能够在自然的状态下采集样本所不能够或不愿意提供的数据，但采用这种方法需要耗费大量的时间并有可能带来道德的风险（被观察者未被提醒处于被观测状态中）（Sarantakos，2005）。而忽视道德问题是不可容忍的，研究者必须向被观测者解释他们的意图。但这种"诚实"却带来另一个问题：研究者可能会收集到不真实的数据，如被观测者可能会在知晓他们被研究的状态下改变日常行为习惯等。故此，面对时间的要求、高道德风险以及可能存在的不真实数据，观察法在本研究中不适合采用。

访谈法是社会学研究中最常用的方法之一。访谈法"试图从主体的角度来理解世界，了解经验的内在含义，揭示人们日常生活的世界，以便于进行科学的解释或总结"（Kvale，1996）。当采用案例分析法时，访谈常常是一个重要的信息来源（Tellis，1997；Yin，2009）。Foddy（1993）甚至相信，有时候访谈是收集关于人们的习惯、经验、动机、信仰、价值观和态度的唯一途径。但访谈法并不单一，它包括很多种形式，如单独访谈、集体访谈、德尔菲法、电话访谈等。与德尔菲法和电话访谈相比，面对面的单独访谈及集体访谈能够提供更多的细节信息（Tellis，1997）。在本研究中，由于行动者们可能难以同聚一堂（如政府工作人员）（Nichols，1991），并且一些行动者（如农民）可能由于彼此认识或不认识等原因无法顺畅表达个人看法，面对面的单独访谈将被采用。

访谈法的优点在于能够极具目的性地了解人们内心的想法（Yin，2003），但访谈问题需要仔细准备以防出现偏差。一般来说，基于准备的精细程度，访谈法可分为不同的类别（Healey and Rawlinson，1993）。Fontana 和 Frey（2003）确认了三种在社会学研究中常用的访谈法：结构访谈法、半结构访谈法和无结构访谈法。在结构访谈法中，所有的问题都是被预先准备好的，并都以相同的次序在访谈过程中一一出现。而问题的答案也常常被预先设置，被访谈者只要做出相应选择即可。这样一来，除了一些开放性问题（没有具体答案的问题），被访谈者做出个性化回应的机会被剥夺了。Sarantakos（2005）因此认为在“此方法减少了数据的差异性，提高了数据的客观性和一致性”的同时，被访谈者内心的想法难以得到充分表达，收集的数据难以和社会实际相符。故此，在实际操作中，结构访谈法更多地被用于量化而非质化研究。与结构访谈法相比，无结构访谈法的优势在于可以更加深入地收集被访谈者的个人看法/想法。研究者可以在数据收集的过程中基于不同的情境询问不同的问题，而被调查者也可以就自己不熟悉的问题或是独特的看法与研究者一起讨论。但实际上，这种无结构访谈法仍然需要事前的组织，否则被访谈者可能不会给出需要收集的数据，也可能和预期有所偏差（Yin，2003）。例如，如果没有访谈前的材料组织（“能以不同的方式方法询问的一系列主题/问题”）（Lindlof and Taylor，2002），研究者就可能在访谈的过程中难以将问题集中在研究主题上或难以避免个人“偏见”影响访谈以至于最终得到不需要或有偏差的数据。为了更好地控制访谈过程以及收集到足够多的有用数据，半结构访谈法试图融合结构和无结构访谈法的优点。Fisher（2007）因此将半结构访谈法定义为研究者用预先准备好的问题引导整个访谈过程，同时被访谈者仍然有在无结构访谈中的自由回应的机会。

半结构访谈法中的一些特征（如研究的主题、目的、被访谈者的选择及时间的组织等）与结构访谈法类似，而它的另一些特征（如新问题的出现和访谈中的讨论等）与无结构访谈法类似。在社会学研究领域，由于半结构访谈法不仅能够保证研究者在一定的时间内接触到足够多的样本，而且能够深入收集被访谈者的个人意见及习惯等数据，这种方法的应用已经非常广泛（Lindlof and Taylor，2002）。鉴于半结构访谈法适用于已有理论框架但是缺少细节信息的研究（Yin，2009），基于农产品质量的理论模型，半结构访谈法将应用于此次研究以收集合适的数据，并分析中国地理标志体系对农产品质量的影响。

然而，即使事先准备好访谈提纲，半结构访谈法仍然是一个涉及到询问和聆听艺术的、人与人之间的交流过程。它总是被研究者和被访谈者的个性以及一定的历史、政治和经济等情境因素所影响（Scheurich，1995）。Kvale（1996）于是批评通过这种方法收集的数据过于主观。为了减少数据的主观性（使数据更加客观可信）但又为了保持数据的深入性，文献研究法在本研究中也作为一种重要的数据来源被采用。与数据中充满描述和研究者诠释的访谈法不同，文献研究法主要关注他人的研究结果，帮助研究者从不同的角度思考问题，并通过对比使得最终研究结果更加可信。就像 Stake（2005）描述的那样，“研究者所述仅仅是基于某个案例的个人看法，而数据的对比更能加深读者的理解”。

案例分析法是一个从多角度（使用不同的方法）解析案例的研究方法（Flick，1998）。关注行动者的 Latour（1987）在网络理论中谈及案例分析法的时候也说过，研究者不仅需要通过访谈法来“跟随行动者”，而且需要分析所有来自政府公告、会议论文、演讲等途径的描述性文字，并对案例进行全面的分析。故此，半结构访谈法和文献研究法都将在本研究中被采用。

（二）数据收集

基于文献研究法，二手数据被首先收集以便于能对案例所处情境有所了解。Atkinson 和 Coffey（1997）认为，现代社会中人们的生活经常会被各种文字材料所影响。例如，如果没有相关法律和法规的出台，地理标志网络就不可能存在。不同的文献为社会现象的存在奠定了物质基础（Yin，2009）。所以，它们在研究社会现象时扮演了重要的角色。但即使通过大量的阅读，与本研究三个案例（赣南脐橙、南丰蜜橘和婺源绿茶）相关的有价值的文献依然偏少。不仅关注这三个地理标志农产品的书籍在市场上难以发现，而且大部分与地理标志农产品有关的文章主要集中于中国地理标志体系的法律漏洞方面（如肖丽霞和胡小松，2005；Wang and Kireeva，2007）。即使有部分文章分析了地理标志农产品的质量问题，由于缺少对一手数据的采集，其结论可信度也较低。因此，用于本研究的二手数据主要来源于政府出版物、网络资源和研究者通过个人途径收集到的政府未出版数据。首先，各级政府每年出版的统计报告提供了三个案例的基本情况（如历年产量等）。并且，相关地理标志农产品质量标准和种植规范等也可在政府出版物中发现。这对于了解这些农产品网络，特别是其中关键性的行动者很有帮助。其次，现代发达的信息网络也能够提供一些有用的数据。如政府网站上发布的年度/季度/月度质量检查报告/公告等。最后，由于还有一些关键信息，如历年价格波动、当地农庄大小及销售企业平均年销售额等，难以在出版物及网络上找到，着眼于向政府工作人员收集数据的预调查在本研究中被采用，以收集相关数据和完善调研问题。基于这三个途径而来的二手数据为勾画相关案例的整体情况奠定了坚实的基础，同时也为后续一手数据的收集指引了方向（如被调查者的选择和访谈提纲的编写等）。

在收集二手数据之后，调研样本（被访谈者）还必须在进行正式调研前予以确定。而案例分析法所建议选取样本的方法一般为尽可能挖掘样本深层数据的非随机抽样法（Yin，2009）。Sarantakos（2005）列出了数种非随机抽样法：随意抽样、目的抽样、配额抽样和滚雪球抽样等。随意抽样指的是本着随意的原则，在已存在的被调查人群中抽取样本的方法。例如，研究者可以在大型商场中随意选择路过的消费者参与调查。但由于选择的随意性，这种方法选取的样本一般并不能代表被调查者的整体情况（如性别、年龄等）。相比随意抽样，由研究者主观选择样本的目的抽样法则更为主观。出于样本代表性方面的考量，目的抽样法需要研究者对所研究的问题预先有深入的了解。配额抽样是指研究者将调查总体按一定标准分类或分层，确定各类/层单位的样本数额，在配额内任意抽选样本的抽样方式。虽然这种方法选取的是非概率样本，但与前两种方法相比，配额抽样在样本代表性方面的优势依旧明显。滚雪球法是指先由研究者选择一些被访者并对其进行访问，然后再请他们提供另外一些属于调查总体内的潜在调查对象的线索，最后根据所形成的线索选择随后调查对象的一种样本选取方法。这种方法在寻找特定人群时非常有用，特别是针对平常人难以接触到的人群。在本研究中，由于所需样本中难以接触到的人群较多，如政府工作人员、加工厂管理人员、地理标志产品标准撰写人员等，滚雪球法被最终采用。基于滚雪球法，4 个最初接触的学者（来自江西财经大学和江西农业大学）和 4 个在农业部门工作的政府人员（作为消费者被访谈）被要求介绍三个案例中的相关政府工作人员，以达到每个案例中至少有 3 位政府工作人员能够被访谈的目的。然后，研究者与各案例中被介绍的政府工作人员电话联系，询问他们是否愿意参与调查以及他们能否介绍网络中其他可能存在的行动者（如农民、中间商、加工商及技术人员等）。在得到肯定的回答后，调查得以开展。实际上，不仅是政府工作人员，所有的被访谈者都被要求介绍尽可能多的调查样本[①]。部分基于介绍者的关系，几乎所有的被访谈者都很友好。他们很愿意回答问题，与研究者讨论相关情况，也很愿意介绍潜在被访谈者的线索。

所有访谈皆采用半结构访谈法。由于半结构访谈是“带有目的性的言语交流”（Cloke et al.，2004），虽然所有被访谈者都被鼓励进行更深入和开放的探讨，含有 20 个问题的谈话提纲依旧被预先确立。在面谈之前，每个被访谈者都通过电话被问及他们是否愿意参加此次调研。在面谈正式开始之前，他们也被告知他们有权力不参加调研，可以拒绝回答任何他们不想回答的问题，所有提供的信息只做研究使用，以及任何个人资料将永不被泄露。访谈以介绍研究目的为起始。最后，在提纲的带领下，访谈正式开始。所有在访谈中出现的新问题，即使超出提纲的范围，也都被深入探讨以获取更详尽的数据。

第四节 数据分析及整理

一、分析步骤

在每个案例中，文献研究都先于访谈进行，以取得对案例的整体了解及确认网络中影响质量的关键行动者。在访谈之后，所有的一手和二手数据需要进行整理、分析和诠释以剖析网络中地理标志体系在农产品质量形成过程中的影响。

数据分析过程要求选择可以处理大量质化数据的合适分析工具以

① 单个的消费者并没有作为行动者样本在本研究中被访谈，究其原因主要是他们的质量观点可能过于主观并且少量消费者的观点亦并不具有代表性。出于调查时间考虑，与消费者经常接触的，对于消费者需求十分了解的中间商作为关键行动者在本研究中被重点访谈以便于收集消费者偏好方面的数据。

使得分析结果可信。但在选择合适工具之前，主要的数据分析步骤还需要一一明确。Kitchin 和 Tate（2000）曾提出，质化数据的分析一般可分为三步进行。

（1）转录。转录是指重新组织数据以便于进行后续分析。在访谈中，被访谈者对于每个问题的答案都应被仔细记录。一旦面谈结束，所有的数据都应被转录成描述性语言和观察性笔记（如回答问题时的腔调、肢体语言、思考时间和表情等）。这样一来，面谈的具体细节就可以重现，数据丢失的问题就可以避免。此外，在转录过程中，备忘录也应该被运用以记录在转录时出现的想法，以便于更好地组织将来的访谈。

（2）分类。分类是在转录的基础上对数据进行进一步的分析。它将数据（一手和二手）分解到不同的类别之下，为将来的比较分析奠定基础。

（3）联结。在分类项目下对数据有了基本了解之后，研究者就应进行仔细的分析和诠释，以理解各个分类项目之间的关系。如是否同一地域的农民有共同的行为特征？如果有，为什么？因此，联结是指回顾所有取得的数据以便于发现数据之间的联系，以重新梳理不同的分类（Nykiel，2007）。在此基础上，联结还应包括持续的检查结论以确认其与最初的记录一一对应。换句话说，联结是通过尝试各种方法诠释取得的数据并确认所采用的分析和解释方法的正确性，进而保证结论的可靠性的过程。

在本次研究中，步骤（2）和步骤（3）是在 NVivo 这一适用于质性数据分析软件的协助下完成的。这个软件被用来给数据编码、分类并因此使得跨案例的比较和分析得以进行。

二、NVivo 软件的选择和应用[①]

CAQDAS（电脑辅助质性数据分析软件）在 20 世纪 80 年代初开始被研究者使用（Spencer et al.，2003；Smith et al.，2008）。当质化研究开始进行的时候，特别是在研究中有大量不同来源的数据需要进行比较分析的时候，研究者经常会发现数据处理是个很麻烦的问题。因此，CAQDAS 系列软件被研制出来以帮助研究者熟悉数据、加快数据处理速度以及增强分析过程的严谨性（Lewins and Silver，2007；Bryman，2008）。其中，加快数据处理速度指的是使数据更具可视性以及“编码和回溯的过程更快更有效率”（Bryman，2008）。同时，即使 Bryman 和 Burgess（1994）批评质性研究数据的分析过程总是不甚清晰，CAQDAS 也能够通过清晰的数据整理和分析流程提升分析过程的严谨性，进而使得分析结果更加可信。然而，由于 CAQDAS 是一系列类似软件的统称，研究者还需要根据各自的研究需要选择合适的软件（Spencer et al.，2003；Bryman，2008）。

根据 Lewins 和 Silver（2007）的介绍，CAQDAS 领域中常用的软件有 ATLAS/ti、MAXqda 和 NVivo。虽然这三个软件都有相似的数据组织的功能（如数据的编码和回溯等），但这些软件之间也存在较大差异。比如，ATLAS/ti5 能够处理的数据量远远大于 MAXqda2 和 NVivo7，但它的外部数据库使得其管理存储和移动数据的能力较差。MAXqda2 有最好的备忘录检索系统以供团队研究成员使用，但有限的数据编码功能使得其数据库之间的比较分析功能较薄弱。NVivo7 的优势在于编码功能，如自动在数据库中寻找相似结构功能以及在同一数据库中重复编码功能等，但其劣势也很明显，特别是在“参阅”（See Also）功能的不完备性方面。由于编码和回溯功能在分析不同行动者之间的权力

---

① 在 CAQDAS 领域中，没有所谓的“行业领导者”，也没有任何为某个/类特殊的研究而定制的软件。

关系时十分重要，NVivo7 最终被选择作为本研究数据分析的工具。

在 NVivo8[①] 中，所有的一手和二手数据都被分类放在“内部数据”、“外部数据”和“备忘录”三个选项下以方便随之而来的编码过程。Lewins 和 Silver（2007）认为，编码就是将“相似的数据按照一定的标准放在一起”。而这些标准必须是基于理论或是相关经验而被选择的，而且还能反映不同数据间的内在联系（Nykiel，2007）。在仔细研读所收集的数据后，基于提出的农产品质量理论框架，4 个主要的数据类别被最后确定，它们分别是：政府在质量形成过程中的影响、各类组织在质量形成过程中的影响、各类经济关系在质量形成过程中的影响，以及其他因素对质量的影响。从总体上来说，这 4 个类别是基于理论框架中生产过程总是在一定的环境中被行动者之间的权力关系所影响的思想衍生而来的。而不在编码的过程中将环境因素与权力关系分类讨论的原因在于，环境和权力关系之间的界限难以明晰。比如，薄弱的政府执法力度既是政治环境的一部分，也是政府和生产者之间的权力关系的体现。环境难以独立于权力关系而单独存在。

数据分析的第二步是质疑数据以便于重新检索发现数据之间的联系。例如，通过质疑为何在市场上实际操作中采用的农产品质量标准与国家标准不同，不同数据之间的联系就可以得到充分展现。NVivo8 的编码和检索不仅能使研究者快速地回顾相关数据，而且能够提示研究者数据之间可能存在的联系。比如，同组数据能以不同的关键词被数次编码，而编码后的“询问”功能则能使几次编码的结果交叉体现。这样一来，不同编码之间是否存在联系及联系的紧密程度就能得到很好的展现。

编码和检索都是数据分析过程中的重要环节，而 NVivo8 能够很好地在这些环节中辅助研究工作。首先，数据之间联系的展现可以促使

① 研究进行的过程中，新版本已经出现。故此，NVivo8 而非 NVivo7 被用于本研究。

研究者重新思考再次编码的可能性。如果联结的方式显示数据有更好的编码方式，这些数据就应该被重新编码以加强研究者对数据的理解并使得数据的分析过程更加具有逻辑性。实际上，本次研究中，数据的编码过程就重复了 3 次以得到更加令人满意的结论。其次，数据的检索能够使研究者的最终发现更具可信性。例如，不同行动者对于同一事件的观点都能通过数据的检索得知。如果他们的观点一致，则说明其描述真实可信，而相应的结论也可得出。如果他们的观点不一致，研究者就需要继续分析甚至收集更多的数据来诠释差异性出现的原因，以得出更可靠的结论。最后，研究者还需检索所有不同案例的数据，并进行比较分析。软件自己并不能赋予数据相关的含义，研究者必须自己组织数据以得出结论，允许跨案例数据检索和分析的 NVivo8 的检索功能也使得这一过程能够得以简化。

NVivo8 的编码和检索功能使得数据的处理和分析变得相对简单。但分析数据之后，研究者还必须考虑如何组织语言文字进行总结以得出最终结论。

第五节　数据整理方法

White 等（2003）曾指出，写作阶段对于研究者来说是一个挑战。不仅没有约定俗成的方法和步骤来指导整个写作过程，而且研究者还必须考虑到案例的写作“不仅要描述社会事件而且要在一定视角下重新诠释社会事件的微妙和复杂性”。考虑到客观性、数据的复杂性和读者的阅读要求，研究的写作阶段就变成了一个“重新构建和陈述所探究的社会现象”的过程（White et al.，2003），而非简单记录编码和分析过程的行为。

很多研究者认为，研究结果必须以“故事”的方式来呈现（Patton，2002；Sarantakos，2005）。Sarantakos（2005）还列举了三种“故事”的写作方式：现实的故事、自我告白的故事和印象派的故事。自我告白的故事是指“研究者完全参与到研究之中，且从（社会现象）参与者的角度进行描述”。而印象派的故事强调个人经验的自我陈述。现实的故事则是“客观真实事件的再次呈现”。研究者被要求站在一个“与事件无关的观察者的立场上”，使用基于事实的语言和第三人称的现实主义风格进行写作。由于本研究构建于诠释主义基石之上，认为个人主观偏见能通过精心构建的研究框架被消除，现实的故事应当是较适合的写作方法。而 Rubin（1995）更建议了两条基于现实的写作分支：数据能够基于相关理论或研究方法设计的逻辑被组织。鉴于读者的一般阅读习惯（Padgett，2008），基于农产品质量理论框架的数据组织和分析方式将被采用。同时，Patton（2002）还提出，高质量的研究报告应提供关于具体案例的全面性的描述以使读者能够明白研究进行的现实基础。所以，在进行具体分析的时候，相关的原始数据也会得以呈现，以便于读者了解分析结论得出的过程，进而增加结论的可信度（White et al.，2003）。就像 White 等（2003）描述的那样，研究者必须“通过分析过程有效地引导读者阅读丰富的含有大量细节的原始数据”。

第六节　本章小结

为了了解中国地理标志体系对农产品质量的影响，本章作为连接理论和实践部分的研究方法，致力于打造一个合适的研究框架以便于数据的采集和分析。

首先，基于农产品质量理论框架，在仔细分析了社会学研究领域

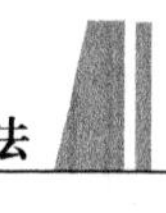

的不同的研究范式和研究方法之后，得出结论：诠释主义研究范式、诠释学、质性研究方法和案例分析法适合于本研究的目的。其次，考虑到数据收集过程中的实际困难，基于预调查的结果，3 个案例被确定下来。再次，文献研究和半结构访谈法两种研究方法也被明确使用来收集数据。最后，为了得出可信的结论，在 NVivo8 软件辅助下的具体研究步骤和写作方法也被一一确认。以此为基础，3 个被选择的案例——赣南脐橙、南丰蜜橘和婺源绿茶，将在接下来的三章里被逐一分析。

第五章

赣南脐橙

第一节 背景介绍

根据江西省统计局2011年统计年报，赣南地区（亦称赣州市）地处江西省南部，下辖15个县，面积约4000平方公里（见图5-1）。基于当地独特的自然环境，赣南地区生产的脐橙具有独特的口感，故而受到很多消费者的喜爱。为了保护和促进赣南地区脐橙产业的发展，也为了提高当地农民收入，在当地政府的大力支持下，国家质量监督检验检疫总局于2004年发布136号公告确认“赣南脐橙”为地理标志产品。2007年，“赣南脐橙”亦在国家工商行政管理总局商标局注册为证明商标，如图5-2所示。

脐橙（见图5-3）并不是赣南地区的原生品种，其在赣南地区的种植始于信丰县（隶属赣南地区），历史仅仅有30余年。由于出口市场（中国香港）良好的反响以及基于提高当地农民收入和出口创汇的考量，信丰县附近地区亦在当地政府的支持下开始种植脐橙。1980年，

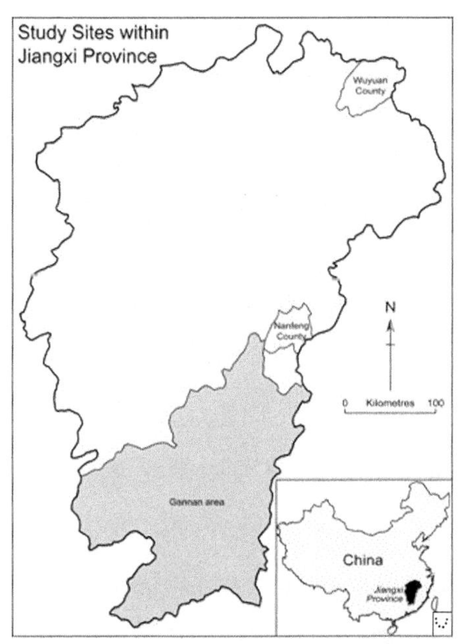

图 5-1　赣州在中国江西省的地理位置

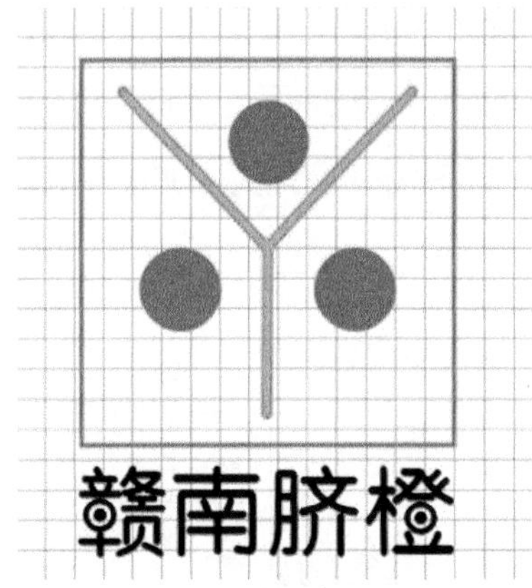

图 5-2　赣南脐橙商标

图 5-3　纽荷尔品种

为了进一步扩大脐橙种植面积，当地政府开始邀请中国南方山区综合考察队实地考察全赣州地区的环境参数。考察结果显示，基于当地合适的纬度（北纬 30 度）、高年平均气温（19.5 度左右）、较长日照时间（1800 小时左右）、较高年降雨量（1600 毫米左右）、长无霜期（290 天左右）和特殊土壤（含稀土）成分，“赣南发展柑橘的气候条件得天独厚，理应成为我国柑橘商品生产重要基地”。随后，华中农业大学从美国和西班牙引进 12 个脐橙品系，如纽荷尔、朋娜、奈沃里娜等，在赣南进行种植。但是，经过 30 多年的培育，由于消费者在外形及口味方面的偏好，如今 95%以上的赣南脐橙都属于纽荷尔品种（见图5-3）。鉴于这一品种更适合新鲜食用而非榨汁（不同的甜度及酸度要求），在缺少合适的冷藏设备[①] 长时间保存脐橙的条件下，几乎所有的赣南脐橙均在 10 月至第二年 2 月间上市（董俊，2008；黄传龙等，2011）。

赣南脐橙产业的发展在很大程度上依赖政府支持。2002 年，在中国农业部种植业管理司召开的全国柑橘、苹果规划会议上，赣南脐橙产区被列入国家优势产业区域发展规划。2003 年，根据农业部正式发布的《优势农产品区域布局规划（2003~2007 年）》，赣南更被期望成为我国重要的鲜食脐橙生产基地。其后不久，在中央部委的引导下，当地政府投入大量资金，试图将赣南地区建设成为“世界橙乡”。例如，2008 年，当地政府投入 1400 万元在赣南脐橙的市场推广（如电视广告、路牌广告和展销会等）上。在政府的大力支持下，脐橙的种植面积和产量都得以快速增长（见图 5-4）。其种植面积从 2000 年的 2 万

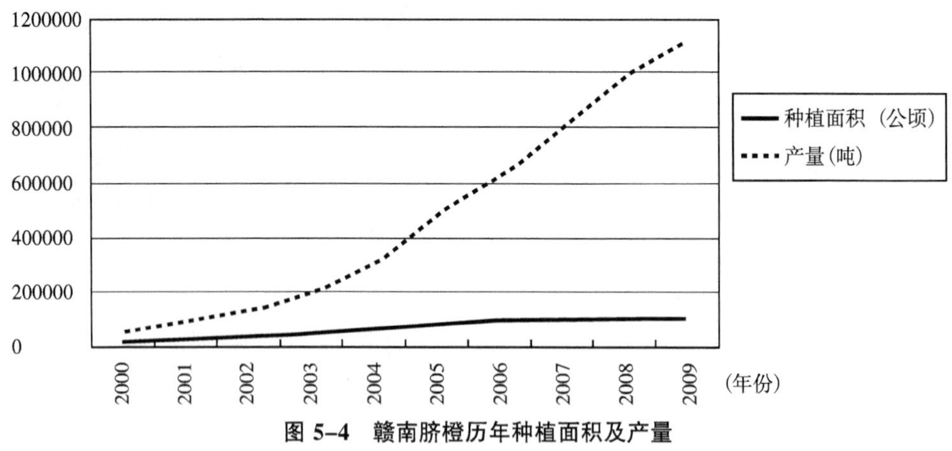

图 5-4 赣南脐橙历年种植面积及产量

资料来源：政府未出版数据。

① 赣南地区冷库能提供的脐橙存储能力低于 3 万吨——少于 2009 年年产量的 3%（政府未出版数据）。

公顷增至2005年的8万公顷直至2009年的10万公顷，而其产量则从2000年的5万吨增至2005年的48万吨直至2009年的112万吨。2009年，赣南地区的脐橙产量已稳居世界第三，仅次于巴西和美国的佛罗里达州（National Research Council，2010）。

与快速增长的种植面积相比，赣南脐橙的产量增长更为迅猛。当地政府坚信这不仅是由赣南脐橙树生长周期所造成的①，更是相关研究成果在脐橙产业中运用的结果。为了帮助本地农户提高生产技艺，各种研究机构（如江西省脐橙研究所、中国农业科学院柑橘研究所、华中农业大学和江西农业大学等）相继被邀请在赣南地区展开科学研究。其研究成果被整编入各类标准和生产规范之中，如《中华人民共和国国家标准：地理标志产品——赣南脐橙》（GB/T20355-2006），《无公害食品 赣南脐橙生产技术规程》（GB36/T390-2003），《有机食品 赣南脐橙生产技术规程》（DB36/T442-2005）等。在今天的赣南地区，政府支持下的高品质脐橙幼苗基地已运作多年，为当地农户提供了大批优质种苗。同时，当地的水果病虫害防治体系也在逐步建立和完善之中。

为了便于管理，国家质量监督检验检疫总局颁发的地理标志及国家工商行政管理总局颁发的证明商标所有者皆为由小规模的合作组织、个体农户/公司（其至少管理3.3公顷种植园）、技术工作者、销售人员/公司和政府工作人员组成的赣州脐橙协会（龙南县人民政府，2010）。此协会不仅作为地理标志和证明商标的所有者而存在，它还组织调查和讨论行业发展的重大问题，向政府部门提出相关的政策建议；组织参与脐橙生产管理、果品采收、贮运等方面的各类技术规程、技术标准等技术性法规的制定、修订；根据国家法律、法规和市场经济公平、公正、公开的原则，制定行规行约，开展行评行检，规范会员市场行为；协调处理会员在经营活动中的争议，促进会员诚信经营，

① 赣南脐橙的丰产期从种苗种植后的第6年或第7年开始。

维护脐橙市场秩序；促进脐橙新品种、新技术的开发和推广应用，为赣州脐橙产业提供技术、经营管理、市场开拓、国际合作、法律援助等咨询和服务工作；组织脐橙技术交流会、研讨会、新技术和新品种发布会、展览会；组织开展果树行业的宣传和各类培训活动，推动行业的技术进步；根据法律、法规授权或接受政府部门的委托，开展行业统计、调查、规划、信息发布、行业准入资格审核、价格协调、代表行业参与谈判、灾害预警预报，以及承办政府或企事业单位、社团组织的委托事项；开展行业相关研究工作，定期或不定期地发布研究报告和市场资讯；开展和承担本行业公益活动和有益行业的其他活动。但是，和佛罗里达柑橘委员会的所有决议可通过特殊的政府部门（佛罗里达柑橘部）来执行不同，赣南脐橙协会并无下设机构来执行其决议。协会的影响力因此受到限制。而在没有有效组织的情况下，本地的农民也不得不单独售卖他们的产品。由于这些小农户普遍缺乏足够的时间和能力在市场上高价出售脐橙[①]，中间商成为这一网络中的重要行动者。每年，赣南地区所产脐橙中约 80%由中间商所售卖。剩余的 20%则被农户直接卖给最终消费者或是依照事先签订的订购合同以固定价格卖给签约商家[②]（曾学昆等，2007）。

绝大部分赣南脐橙在中国国内市场上被售卖。2009 年，只有不到 3 万吨赣南脐橙（2.29%的年度总产量）出口到国外市场（黄传龙等，2011）。实际上，为了保证赣南脐橙的国际声誉和保护其出口创汇能力，只有种植基地位于寻乌县、安远县和信丰县的公司[③]才有可能通过基于特殊质量标准的严格检验而在国际市场上售卖脐橙。由于国际市场相对较小而且处于与国内市场并不相同的质量管理体系之下，本调查只基于国内市场进行研究。

① 赣南地区脐橙种植户的平均规模只有 0.7 公顷（政府未出版数据）。

② 这种范式也称合同制农场。

③ 在赣南地区，单独的农户不被允许私自出口脐橙产品。

基于文献研究和预调查，当地政府、农户、技术人员、中间商以及与农户预先签订收购合约的合同收购商应为赣南脐橙网络中与质量形成过程紧密相关的重要行动者。首先，作为赣南脐橙网络形成的重要支持者和一系列生产流程、规范及质量标准的制定者，当地政府无可厚非地成为网络中的关键人物。其次，作为脐橙的种植者，农户在赣南脐橙质量形成过程中的作用不可忽视。再次，因为相关研究和现代技术的应用被认为在脐橙的生产过程中具有重要作用（如快速增加产量等），技术人员也应当是网络中十分重要的成员。又次，由于合作组织效用的缺失，中间商成为网络中的重要组成部分。基于丰富市场经验，他们不仅能够帮助农户销售产品而且可以通过特殊的采购要求（如特定果实大小等）迫使农户在种植过程中关注特殊的质量特性。因此，他们在质量形成过程中的影响也十分关键。最后，尚有部分农户通过与收购商签订预售合同的方法售卖脐橙。这些合同中一般都包括相应的质量条款，如标明不同等级的脐橙不同价格等。因此，作为收购标准制定者，这些合同收购商在质量形成的过程中也应有一定影响。故此，这五类访谈样本都被仔细选择并一一访谈，以研究和分析赣南脐橙网络中的质量形成过程，进而了解地理标志体系对于赣南脐橙质量的影响。

第二节　样本概况

4 位当地政府工作人员、4 位农民、4 位中间商和 3 位技术人员最终被确立为本次研究的样本被一一访谈（见表 5-1）。没有选择预先确认的合同收购商样本的原因在于，所有的被访谈者都指出，由于信用体制的缺失（农户和收购商都能任意撕毁合同而不受到任何惩罚），当今的脐橙网络中几乎没有农户与收购商签订预售合同的情形发生。

表 5-1 赣南脐橙网络中被访谈者的个人特征

被访谈者	个人特征
政府工作人员 A	村干部，有一个 25 公顷大的种植园，也作为中间商帮助村里农民售卖脐橙
政府工作人员 B	服务于县工商局，但此县被认为是不适宜种植脐橙的地区（基于自然条件）
政府工作人员 C	服务于赣州市果业局，是赣州脐橙协会成员
政府工作人员 D	服务于赣州市质监局
农民 A	有一个 6.5 公顷大的种植园，年产 50 吨脐橙，仅具初中学历
农民 B	有一个 3.5 公顷大的种植园，年产 100 吨脐橙，仅具初中学历
农民 C	有一个 2.5 公顷大的种植园，年产 60 吨脐橙，仅具初中学历
农民 D	有一个 0.7 公顷大的种植园，年产 20 吨脐橙，所处安远县的自然环境被认为十分适合种植脐橙，仅具初中学历
技术人员 A	服务于赣州市果业局，是赣州脐橙协会成员
技术人员 B	服务于某县果茶局
技术人员 C	为几个村的农民提供一线技术指导
中间商 A	有一个 35 公顷大的种植园，作为批发商，以“赣南脐橙”的名义年销售脐橙 2000 吨
中间商 B	有一个 30 公顷大的种植园，作为零售商，依附于自身创立的品牌，年销售脐橙 2000 吨
中间商 C	从当地的小中间商和农户手中购买脐橙，然后将中低质量的脐橙以“赣南脐橙”的名义批发给外地零售商，而将高质量的脐橙产品，通过建立自己品牌的方式单独售卖，年销售脐橙 50000 吨，是赣州脐橙协会成员
中间商 D	与中间商 C 相似，但是规模较小，年销售脐橙 20000 吨

第一位政府工作人员不仅是一位村干部，还是一个拥有 25 公顷种植园、年产 300 吨的脐橙种植者。同时，他还作为中间商帮助村里的农户在市场上销售脐橙。第二位政府工作人员来自某县工商局，而他所处的县被认为是赣南地区不适宜种植脐橙的地区（基于当地的自然条件）。最后两位政府工作人员则来自于赣州果业局和赣州市质监局。

4 个农民样本都由政府工作人员和中间商推荐而来。虽然推荐的潜在样本很多，但由于时间限制，仅仅有 4 位农民基于脐橙种植面积的标准被一一选择（种植面积可能会对种植方式[①] 进而对质量产生相应影响）。第一位农民拥有一个 6.5 公顷大的种植园，由于大量树苗都低

---

① 这一发现由预调查得出。

于4龄，此种植园脐橙年产量只有50吨左右。第二位农民的脐橙种植面积约为3.5公顷，但基于合适的树龄，脐橙年产量达到100吨。第三位农民的种植面积只有2.5公顷，年产量60吨左右。第四位农民种植面积最小，只有0.7公顷，但种植园却位于十分适合种植脐橙的安远县。由于种植面积较小，其年产量只有20吨左右。

赣南地区的脐橙种植技术服务主要由政府提供。故此，所有被访谈的技术人员都是政府工作人员。第一个被访谈的技术人员来自赣州市果业局。同时，他也是赣州脐橙协会的成员。他的日常工作主要是在技术方面为农民和加工商提供相应指导。第二个技术人员来自某县果茶局。他的工作职责不仅是为农民和加工商提供技术指导，而且包括帮助个体农户申请银行贷款和政府补贴。第三位技术人员的服务主要是帮助农户解决技术问题和推广新技术，如利用荧光灯防止病虫害等。

4个中间商样本由政府工作人员和农民推荐而来。第一个被访谈者是批发商同时也是一个拥有35公顷土地年产300吨脐橙的农民。面对高产量，他不得不直接与零售商联系进而建立了自己的销售渠道。为了最大化渠道的效用，他还经常购买同地区其他生产者的脐橙以便转手赚取差价。现今，他的脐橙年周转量已达到2000吨左右。第二个中间商是一个零售商，同时也拥有一个年产400吨脐橙的30公顷种植园。基于20多年的生产经验，他所生产的脐橙口味很好，在当地十分有名。5年前，他开始创立自己的品牌。通过整合周边资源（亲自指导种植并收购邻居所产脐橙），此品牌的年销量已达2000吨并主要销往中国北方地区（北方地区消费者和南方地区消费者的质量偏好有差异）。第三位中间商是位批发商也是位零售商。他从当地的小中间商和农户手中购买脐橙，然后将中低质量的脐橙以“赣南脐橙”的名义批发给外地零售商，而将高质量的脐橙产品放在自有品牌下单独售卖。其年销量约有50000吨。第四位中间商与第三位相似，但是规模较小。

他的年销量只有 20000 吨左右。所有被访谈的中间商都指出，由于不同大小的脐橙价格相差很大，赣南脐橙需要根据大小分级后才适合在市场上销售。

根据半结构访谈的提纲，每个被访谈者都被要求回答至少 20 个有关网络中质量衡量标准，政治、社会和经济环境在质量形成过程中的影响，以及地理标志相关法令/法规/条例对于生产行为影响等三方面的问题。所有的被访谈者都乐于与研究者讨论这些问题，进而提供了大量数据以供研究。

第三节　权力关系下的质量形成过程

基于访谈大纲[①]，所有的数据本应分成三个部分分析：网络中质量衡量标准；政治、社会和经济环境在质量形成过程中的影响；地理标志相关法令/法规/条例对于生产行为的影响。然而，在研究的过程中发现，环境因素不能独立于权力关系而存在。例如，政治环境不仅包括法律、法规、条例和标准等，也包括政府依据这些法律、法规、条例和标准而进行市场监管的力度。这些力度方面的分析不能脱离权力关系的分析而得以展现。因此，聚焦于各行动者之间的权力关系，数据最终被分成四个方面进行分析：政府在质量形成过程中的影响、各类组织在质量形成过程中的影响、各类经济关系在质量形成过程中的影响，以及其他因素对质量的影响（见图 5-5）。同时，基于本书第四章对数据来源的分析，不仅是通过访谈取得的一手数据，而且包括来源于出版物、网络和个人关系的二手数据也会在数据分析中得到使用，

① 见附录。

以便于提高结论的正确性和可信度。

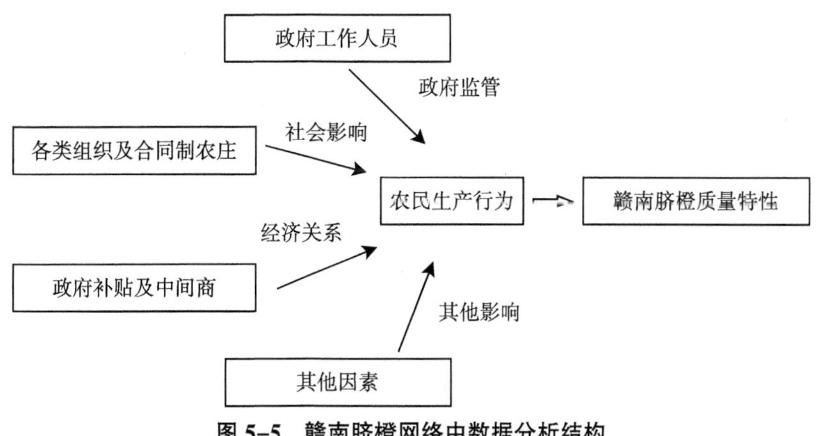

图 5–5 赣南脐橙网络中数据分析结构

一、政府在质量形成过程中的影响

基于众多的法律、法规、质量标准及生产规范等（如产品质量法、食品安全法、赣南脐橙国家标准和各类地方标准等），当地政府依法对赣南脐橙的生产过程及质量实施监管。然而，在本次调研中，这些法律和法规的具体条款在网络中却少为人知。就像农户 A 所述“我听说政府颁布了很多与农产品质量相关的法律规章，但我从没阅读过它们”。而中间商 D 也承认“我对于你所说的这些（指法律和法规）并不熟悉”。实际上，即使是政府相关职员和技术员也对这些了解甚少。比如，当问及有什么法律法规当地农户种植脐橙必须遵守时，政府工作人员 B 的回答仅涉及食品安全法中剧毒农药部分。这种情况的产生可以归结为以下原因。

第一，农户的受教育程度较低导致他们不愿意自主学习或参加政府和相关组织举办的有关课程。他们更愿意依照自己的喜好或邻居/售卖农资人员的建议种植脐橙。此发现与万俊毅等（2009）的研究结果相似。他也指出，农户的低学历层次使得他们没有过多的兴趣去学习相关的法律和法规。

第二，监管部门的权力交错与重叠减弱了各种法律法规在赣南脐橙网络中的影响。即使政府工作人员 D 澄清道，“本地农业局的职责是督察农资投入，而质监局的责任是监督农业的生产行为，工商局则负责监察市场（买卖）行为。赣州市果业局的职责则关系到脐橙生产的各个方面，并负责统筹调节各部门之间的关系”，这些部门之间仍存在严重的交叉管理现象。例如，面对剧毒农药使用问题，政府工作人员C（隶属赣州市果业局）认为“农药，特别是非法剧毒农药的生产和售卖问题可以归结为农药市场管理混乱问题，归工商部门监管”。但是，政府工作人员 B（隶属于当地工商局）却指出，“当地农业部门的职责是督察农资投入，包括农药化肥的使用。所以，剧毒农药使用问题应该归为农资投入问题，归农业部门监管”。各部门权力交错与重叠的结果是，“我知道一些剧毒农药被禁止使用，但是基于降低成本的考量，很多农民依旧愿意使用它们”（政府工作人员 A）。部门权力职责的混乱不仅使得相关法律和法规难以有效实施，而且降低了政府遇到质量问题时的反应速度。例如，染色橙[①] 事件自 2000 年以来已经被报道多次，但一直没有得到根治。政府工作人员 C（隶属于赣州市果业局）抱怨说，“这一问题已经不是第一次出现了，但至今不易监管。没有任何法律法规明文禁止食品染色（只是有些染色原料不能使用或限制剂量）。同时，虽然这是果业局的责任——去抓住给赣南脐橙染色并售卖的中间商们，但由于果业局没有法律规定的处置权，我也不知道是工商部门还是质检部门应该对此事负责”。赣南脐橙染色橙的出现使得消费者开始质疑赣南脐橙的安全问题，但由于监管的混乱，直至今日，与其相关的反应机制也尚未确立。

第三，因为“缺少人员”以及“不必要”等原因，政府职员对于赣南脐橙的种植行为以及市场上的产品质量监管力度较低（即检查次

① 使用染料使得脐橙表皮观感更好。

数较少）。技术人员 B 指出，“我所在的部门并没有很多人。特别是和种植农户相比，技术员数目太少。所以，经常下乡去指导和规范农民的种植行为以及进行脐橙的质量检测是不可能的”。而政府工作人员 B 则强调，“我所在的县处于赣南地区的边缘地带。和信丰等地相比，不是很适合种植脐橙。并且我县只有不到 1500 公顷的脐橙种植面积。由于产量较低（相对于其他县而言），政府的主要工作就不会放在脐橙的生产方面（换而言之，对所产脐橙质量检查的力度也会较弱）”。实际上，被访谈的所有农民和中间商都声称他们的产品从未经过政府部门的质量检测。农民 D 说，“政府并不关心我所生产的脐橙的质量……我可以在任何我觉得需要的时候施用农药”。

第四，技术人员在食品安全方面的有限认识也在一定程度上削弱了政府的质量监管力度。技术人员 B 相信，“高农残对于脐橙来说不是问题，因为农残会随着时间的流逝而降低。并且农残也只停留在表皮上，与食用部分关系不大”。然而，这个观点是有争议的。根据康继韬等（2002）的研究，化学物质（如农药等），能够被柑橘类作物通过土壤吸收而不是单纯地停留在表皮上。技术人员在使用农药等化学药品方面的态度使得生产者和政府在食品安全方面的注意力也大大削减。

即使农民的低学历层次、不同部门间交叉的政府职能、较弱的质量监管力度和技术人员有限的认知削弱了相关法律、法规和质量标准在赣南脐橙质量形成过程中的效用，理论上说，地理标志体系还能够通过认证过程给产品质量另一层保证。

在赣南脐橙所属的两个地理标志框架中，国家质量监督检验检疫总局和国家工商行政管理总局都采用由江西省标准化协会、江西省赣州市果业局和江西省赣州市质量技术监督局共同起草的《中华人民共和国国家标准：地理标志产品——赣南脐橙》（GB/T20355-2006）规定赣南脐橙的保护范围、定义赣南脐橙的质量特性和明确赣南脐橙的种植规范等。根据国家标准，赣南脐橙的质量可从感官指标（规格、果形、色泽和光洁度）、理化指标（可溶性固形物、总酸和可食率）、卫生指标和净含量（指装箱净含量）四个方面进行衡量。同时，如何从检验批次中进行抽样以及如何检测四项质量指标的方法也在标准中注明了。但是，虽然此项国家标准应在赣南脐橙网络中得到全面采用，被访谈者却指出赣南脐橙国家标准对于生产者和经营者来说，并不是强制性规范。

中国的标准体系包括强制性标准和推荐性标准两种（中国海关总署，2006）。所有的生产者都必须在强制性标准的要求下生产产品。比如，《无公害食品　柑橘产地环境条件》（NY5016–2001）就是一个强制性标准。换句话说，所有的柑橘生产者必须保证他们种植柑橘的环境满足此标准的要求。否则，生产者将面临相应的惩罚。但是，推荐性标准并不强制生产者采纳，除非生产者自愿接受它们。比如，只有将产品以"赣南脐橙"的名义售卖的生产者才必须按照《中华人民共和国国家标准：地理标志产品——赣南脐橙》的规定生产产品。换句话说，只有对"赣南脐橙"的生产者，这一国家标准才是强制性的。然而，所有的被访谈者（包括政府工作人员和技术人员）都没有认识到这一点。就如技术人员 A 所说，"我知道有很多标准，如国家标准和绿色食品生产标准等，但它们都不是强制性的"。

因为赣南脐橙国家标准在网络中被认为是非强制性的，市场上的赣南脐橙交易标准也因而并不与国家标准一致。例如，基于国家标准，7.5~8.5 厘米横径的赣南脐橙最佳。但是中间商 D 指出，"由于不同市场上消费者的不同偏好，北方市场上 8.0 厘米横径的赣南脐橙的价格最高，而在南方市场上，7.0 厘米横径的赣南脐橙价格最高"。而政府工作人员 B 也承认，"国家标准仅仅起指导作用。在北方市场上，消费者认为越大的脐橙越好，如横径在 8.5 厘米左右的脐橙。而在南方市场上，消费者认为脐橙大小合适最好，如横径在 6.5 厘米左右的脐橙……脐橙在不同的市场上按照不同的标准进行分级"。

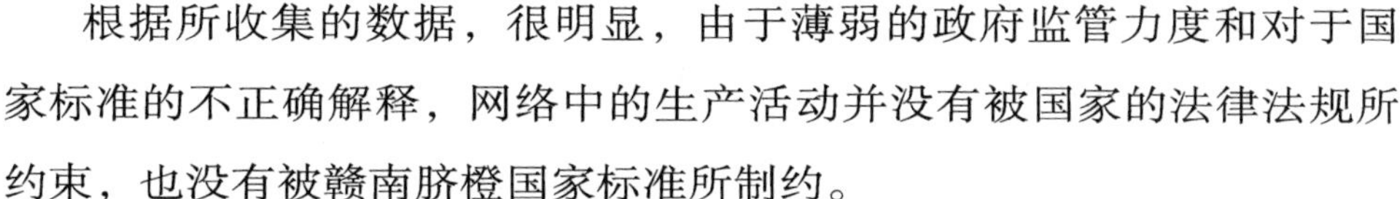

根据所收集的数据，很明显，由于薄弱的政府监管力度和对于国家标准的不正确解释，网络中的生产活动并没有被国家的法律法规所约束，也没有被赣南脐橙国家标准所制约。

二、相关组织在质量形成过程中的影响

一般来说，由于地理标志属于集体知识产权范畴，而其设立的目的也在于通过成员间的相互合作使得规模经济效用得以在网络中产生，各类合作组织理应在产品质量形成过程中有着重大影响。但实际上，由于直至 2006 年《中华人民共和国中国农民专业合作社法》出台，中国农民才被鼓励进行合作，各类年轻的合作组织在赣南脐橙网络中所起的作用十分有限。

在当地政府的支持下，由“政府工作人员、农民和中间商”（政府工作人员 A）组成的赣州脐橙协会是赣南脐橙网络中最大的合作组织。而此协会的日常工作是“帮助农民提高种植技艺”（技术人员 A），“提供农民和中间商交流和交易的场地”（中间商 A），“提醒农民果树的灌溉时间及脐橙采摘时间”（农民 A）和“为农民采购农药和化肥（收费项目）”（农民 D）。作为“赣南脐橙”地理标志和证明商标的所有者，此协会还拥有法律赋予的签发地理标志/证明商标的权力。但在实际操作中，由于地理标志/证明商标签发完全处于当地政府控制之下，此协会基于国家标准对赣南脐橙网络的影响难以实现。当地政府规定，所有的地理标志/证明商标的申请者必须先填报申请表并将此表递交当地的果业局。在得到赣州市政府许可后，申请者有权利在一年内以“0.006 元的价格”购买一个果贴或以“0.1 元的价格”购买一份箱贴（中间商 B）。在这个过程中，质量检验程序并不是地理标志/证明商标颁发的必要条件。丧失了通过签发过程来约束生产行为的权力，赣州脐橙协会就被访谈者描述成在当地政府的要求下运作，处理“政府部门不适合直接出面处理的事务”（如申请地理标志等）（政府工作人

员 D）的一个政府下属机构。

除了赣州脐橙协会，由个体农户组成的小规模的合作组织在网络中也为数不少。然而，这些合作组织一般规模较小并经常是在政府的支持/要求下（而非自发）成立的。中间商 A 就指出，“当地政府为合作社的成立提供了补贴”。技术人员 C 也称“成立合作社后，单个的农民就有可能取得地理标志标签（单个的农民难以得到政府的允许去购买相应地理标志标签）”。技术人员 C 还描述道，“当地 80%~90%的合作社成员数都少于 10 个”。因为小合作社难以在与中间商的沟通中取得规模优势进而得到较高报价，它们对其成员的约束力十分有限。就像农民 B 所说：“我为什么必须遵循他人的要求来种植脐橙（如果我不能得到任何额外利益的话）？”

很多被访谈者还被问及另一种存在于赣南脐橙网络中的组织形式：由农民和合同收购商组成的合同制农庄。在这种组织中，合同收购商往往在年初与农户签订购买合同。通过预付一部分定金的方式，与农户约定在当年秋季以固定的价格购买其符合一定质量标准的脐橙。为了保证被收购脐橙的质量，收购商的技术人员一般会经常拜访农户以便于控制其种植行为。最后，当脐橙成熟后，农民就可以按年初签订的价格把符合一定质量标准的脐橙出售给收购商。通过这种方法，合同收购商不仅能控制成本，而且能购买到符合其质量预期的脐橙。同时，农户也能减少自身的市场风险。然而，根据被访谈者的回馈，由于缺乏成熟的信用体制，合同制农庄在赣南脐橙网络中运作得并不好。比如，若秋季的市场价格高于合同价，农户一般会将他们的脐橙售往市场而非合同收购商。如果秋季的市场价格等同于合同价，农户一般试图会将“高品质”脐橙售往市场以期获得高于合同价的收入（高品质脐橙的价格一般高于市场均价），而将“低品质”的脐橙以合同价售卖给合同收购商。除非市场价格低于合同价，农民才愿意将他们的脐橙按合同售卖给收购商。由于当地的政府总是倾向于保护农民的权益而忽视合同收购商的利益诉求（虽然收购商预先付给农户一定的定金，但农户却能在没有任何惩罚的情况下违背合同条款），在合同制农庄的形式下，合同收购商放大而非缩小了市场风险。这种事情的频繁发生使得“越来越少的收购商愿意与农户签订合同（他们可能在年终的时候颗粒无收）。同时，当市场价格偏低时，也有很多合同收购商拒绝以合同价购买其签约农户的脐橙。合同制农庄的形式在赣州地区于是越来越少见到”（政府工作人员 B）。这种情况在万俊毅等（2009）的研究中也得以展现。如绝大多数他们调研的农户仅仅与他们的收购商保持很松散的买卖关系。只有 0.11%的被调查农户声称他们的收购商会给予他们一定的种植技术支持。缺乏完善的信用体制使得买卖双方难以在赣南脐橙网络中建立长期稳定的关系。

总而言之，所有数据都表明，赣州脐橙协会、小规模的合作社及合同制农庄对赣南脐橙的质量影响有限。即使赣州脐橙协会拥有法律赋予的签发地理标志/证明商标的权力，农民的生产行为仍不受其约束。

三、经济关系在质量形成过程中的影响

自 21 世纪初以来，赣南脐橙产业增长迅猛。其年产值从 2003 年的 5 亿元增长至 2005 年的 13 亿元。2009 年这一数值就变成了 22.4 亿元。同期，其产量也在持续增长中，从 2003 年的年产 20 万吨增至 2005 年的 48 万吨直至 2009 年的 112 万吨。但这些数据也表明，从赣南脐橙成为地理标志产品后的 2004 年始，其市场价格持续下跌，如图 5–6 所示。

根据被访谈者所述，农民需要在脐橙树生长的最初 6 年中投入 1.5 万元/棵的成本来培育树苗（因为很多小农场以家庭为单位来运作，所以这一数值并不包括人力成本）。从第七年开始，脐橙树开始进入丰产期。其产量大约是年产 50 千克/棵（约 20 吨/公顷），而其变动成本也在第七年开始增至 1.05 元/千克（约 2.1 万元/公顷）。这一测算都未包

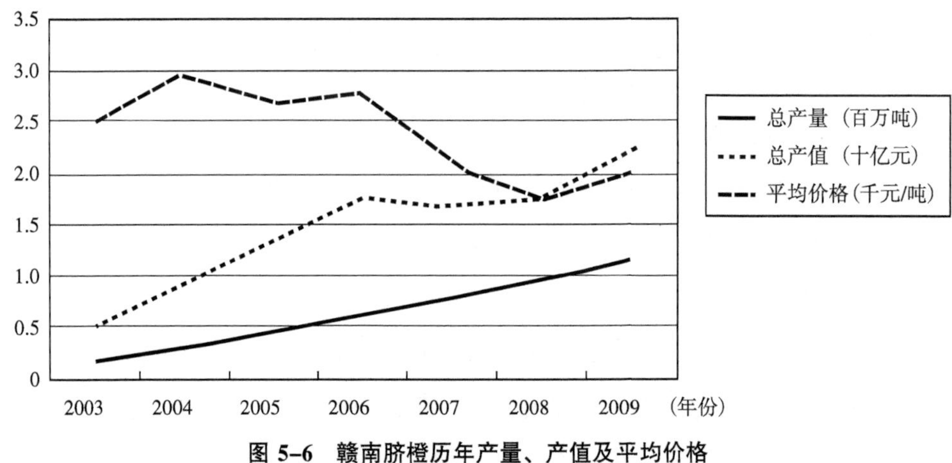

图 5-6 赣南脐橙历年产量、产值及平均价格

资料来源：当地政府未出版数据。

括人力成本。按照当地政府估算，如果人力成本也进行合并计算，其变动成本应为 1.6 元/千克（约 3.2 万元/公顷）。由于赣南脐橙的市场平均价格一路下跌（在 2008~2009 年甚至低于 2 元/千克），部分农民的销售收入已然低于成本（政府工作人员 B）。为了保证农民收入，当地政府"从 2006 年开始，每年投入百万元，在 2008 年甚至投入 1400 万元（当年赣南脐橙产值的 1.3%）"（政府工作人员 C），在电视广告、路牌广告以及各种展览会中推销"赣南脐橙"。然而，市场上赣南脐橙的价格依然一路下滑。虽然 2009 年有所缓和，但这也被认为是"由气候导致的年产量下降的结果"（农民 C）而非市场声誉提升的结果，因为"越来越多的品牌在赣南脐橙产业中出现。销售商总是想把他们的产品和一般的赣南脐橙区分开来"（政府工作人员 C）。

由于当地政府也认为质量与市场声誉和市场价格息息相关，一些旨在促使当地农户购买现代化种植设备（以提高质量）的补贴政策开始在当地施行。考虑到补贴的力度可能依旧偏小，当地政府还鼓励本地银行向农户提供小额贷款。但这些金融举措并未对当地农民的生产行为造成巨大影响。政府工作人员 A 解释道，"对于一个平均种植面积只有 0.7 公顷，且大部分是山地的农户来说，购买现代化的设备并

不明智”。而农民 B 也抱怨，“银行贷款申请的过程过于复杂。他们要求我填表、找到 3 个以上的担保人，还必须付高利息……（因此）我从未向银行贷过款”。

为了确保农民收入，当地政府采取了积极推销和补贴的方法来提高赣南脐橙的市场声誉及质量，但这些举措无论是在市场价格还是在农民的生产行为方面都影响有限。与政府相比，中间商的“购买力”则被被访谈者明确指出对生产行为及脐橙质量有重大影响。

在网络中，中间商根据他们的市场经验设立了一系列的质量标准，就像中间商 D 所描述的那样，“我从农户手中收购脐橙。在售卖之前我还必须对它们进行加工，如冲洗、分级、打蜡和包装等。然后，不同的脐橙将被售往不同的市场……顾客关注的质量特性和他们为这些特征所愿付出的价格决定了我的收购标准和价格”。虽然赣南脐橙的质量标准已经在国家标准中被注明（感官指标、理化指标、卫生指标和净含量），并且被访谈的农民也承认他们的质量指标与中间商不同，但数据表明，中间商的质量标准对质量的影响远远大于网络中其他行动者。

首先，基于消费者偏好，农民认为口味是衡量脐橙质量的关键指标。但是，中间商却有不同看法。中间商 A 指出，“基于赣州地区的环境，赣南脐橙的口感一向优于其他地域所产脐橙。消费者因此愿意为‘赣南脐橙’的标志付出高价[①]。对于我来说，所有我在赣南地区收购的脐橙都能在市场上售出（因为好口感）。所以，口味并不是我收购脐橙的重要指标”。在这种情况下，农民在种植脐橙时的关注点就不再是口感。他们甚至希望减少相关投入进而达到提高利润的目的。农民 B 解释道，“关于质量标准中的口感问题，我想说的是，我没有任何动力去提高它。只有很少的收购商愿意为更好的口感付出更高的价格……他们目前愿意付出的价格与我的付出相比，比如用农家肥代替

① 中间商 B 指出，“基于好口感，赣南脐橙的市场平均价格能比相似产品高出 100%”。

化肥，还相差甚远”。因此，越来越多的化学肥料用于赣南脐橙的生产之中导致口感因此而下降。一些消费者“开始抱怨赣南脐橙的口感大不如前”（中间商 C）。由于下降的口感会直接影响购买者的购买意愿，不仅是被访谈的中间商表达出建立自有品牌的必要性，而且一些当地县政府，特别是种植环境优于赣南地区其他县的信丰、安远等县，开始积极注册和推广自己的集体/证明商标（见图 5-7）以帮助当地农民在市场上取得更高的经济收入（曾学昆等，2007）。

图 5-7 信丰脐橙证明商标

其次，与口感相比，中间商认为更重要的赣南脐橙质量衡量标准是外观。例如，在赣南脐橙的网上期货市场中，仅有的区分指标就是大小（这个市场仅仅交易纽荷尔品种）（赣南脐橙电子市场有限公司，2011）。据 2011 年 7 月 29 日的数据，在同一交货日内（2011 年 12 月 1 日），横径为 7.5~8.0 厘米的赣南脐橙价格为 11980 元/吨，而横径为 8.0~9.0 厘米的赣南脐橙价格则为 5720 元/吨。由于脐橙价格主要由外形决定，农民 D 就明确指出，“我根据他们（指中间商）的标准做出我的种植计划……如果他们喜欢购买中等大小的脐橙，我就会想方设法培植我的脐橙以便于生产出中等大小的脐橙”。农民 B 也声称“如果是指外形问题，我想说的是，我有足够的动力去提升它。对于我来说，采用适合的种植方法或设备生产出符合收购商偏好外形的脐橙并不是很难的事情……由于外形的差别，脐橙之间的价格差大概是 20%~30%……中等大小的脐橙在市场上的售价大概是 4 元/千克，而外形不好的小脐橙只能卖到 2.5 元/千克”。

最后，虽然作为质量指标之一的安全标准在赣南脐橙国家标准中被明确提出，而所有的被访谈者也指出他们希望在市场上购买到安全的农产品，安全标准在赣南脐橙网络中却并不是作为公认的质量标准而存在的。中间商 C 解释道，“（由于）食品是否安全很难被消费者判定……即使我们应该按照政府的食品安全标准生产产品，安全指标在零售市场上一点也不重要”。由于中间商在他们的收购过程中并不关心安全方面的因素，没有任何被访谈农民在化肥和农药的使用方面投入相应的注意力。

中间商控制了赣南脐橙 80%以上的生产量。丰富的市场经验使得他们能够在网络中设立自己的质量指标并因此最大化他们自己的利益。基于当地政府的数据，2001~2010 年，当地农产品产值增长了 237.72%，但同期农民收入仅仅增长了 197.92%。被访谈的中间商也承认与农民相比，他们获得了“高”且“低风险”的收入。就如中间商 A 所述，“今年赣南脐橙的零售价比去年高了 30%~40%。但在收购市场中，价格只提升了 20%”。中间商 C 也有相似的看法，他说，“如果批发和售卖的价格差合适，我就买卖脐橙。如果不合适，我还有别的选择”。面对低风险和高收入，所有拥有大规模种植园的农户总是选择兼任中间商而非单纯的种植户。

当将注意力放在网络中的经济关系之上时，数据显示赣南脐橙的生产行为极大地受到了中间商质量标准的影响。虽然当地政府也试图通过提供补贴和贷款来影响种植方式进而影响脐橙质量，但基于本地的自然和社会环境，其影响力度仍较小。

四、其他因素在质量形成过程中的影响

脐橙的种植过程亦即质量形成过程除了受到网络行动者之间政治、组织和经济关系的影响外，其他因素，如自然环境、种植户规模和种

植经验的影响也不容忽视。

首先，虽然赣南脐橙的质量总是受到种植者种植行为的影响，如化学药剂的使用和采摘时间的差异，但本地自然环境和脐橙品种的影响在分析质量时也不可忽略。政府工作人员C提及，“柑橘树在赣南地区的种植历史已有1500多年，但由于不合适的品种（与今天广泛种植的品种相异），农户难以依靠种植柑橘为生……本地独特的自然环境和特定的品种一起造就了今天的赣南脐橙”。自然环境的影响不仅使得农民D将所产脐橙以“安远脐橙”而非“赣南脐橙”的名义进行售卖（安远县独特的自然环境使得当地所产脐橙的品质普遍好于赣南其他地区所产脐橙），而且也降低了农民B提升脐橙口感的动力①。

其次，相对较小的种植户规模也限制了很多农户通过增加投入来提升脐橙质量的能力。根据当地政府工作人员提供的数据，2009年，赣南脐橙种植户的平均规模为0.7公顷、平均产出为20吨/公顷，平均投入为1600元/吨。根据当年赣南脐橙的市场价格，2000元/吨，种植户的平均利润只有6400元（最开始培植脐橙树苗的6年投入并未计入）。对于农户来说，面对如此低的经济收入，通过增加投入的方法来提高脐橙质量并不是一个明智的选择。

最后，种植经验也对质量有一定的影响。基于20多年的种植经验而建立了自己品牌的中间商B说道，“我有独特的培植脐橙的技巧。同时，我也教我的邻居如何培育脐橙，因为我也收购他们的脐橙售卖。有着良好口感和外形的脐橙是我的市场竞争优势”。而农民A也指出，“我的脐橙口感尚可，不好也不差。毕竟我只有4年的种植经验。其实，我对于如何管理我的脐橙树并不是很有把握，比如什么时候使用化肥和农药以及如何看管脐橙的花期等。脐橙的外形和口感也会受到种植技巧

① 如果农民B想提高其产品的口感，他就必须加大投入。而自然环境使得赣南地区有些县所产脐橙的口感好于农户B所在县。对于中间商来说，如果他们想要购买口感好的脐橙，他们可以去特定县采购单价相对较低（相对于农户B的投入来说）的产品。

的影响。但由于赣南地区总体适合种植脐橙，我的脐橙质量尚可”。

自然因素、种植户规模和种植技巧都对脐橙的质量有着一定影响。但也应该注意到，其他因素，如技术人员数量等对质量的影响也不可忽略。虽然农户拒绝阅读相关书籍和参加政府相关培训，技术人员也能帮助农户提高种植技巧以提高脐橙质量。而且，在染色橙事件越来越吸引大众关注的情况下，相关报道也可能会迫使政府工作人员、农民和加工商越来越注意质量安全方面的标准。

第四节　本章小结

在政府的支持下，地理标志出现在市场上以帮助生产者通过提供消费者喜爱的“特殊质量特性”取得较高收入（Watts and Goodman，1997；Parrott et al.，2002），保证产品质量因此变成了地理标志网络的重要使命。在欧洲和美国，相关的生产规范和质量标准被合作组织撰写、政府发布以及政府/第三方机构强制施行以保证地理标志产品质量。然而，本次调查却发现，赣南脐橙国家标准主要由政府工作人员撰写且未被强制执行。同时，地理标志所有者——赣州脐橙协会也丧失了通过地理标志认证过程来规范各行动者行为的权力。故此，赣南脐橙质量难以与国家标准相一致，地理标志体系在保证赣南脐橙质量方面影响有限。

数据也同时指出，地理标志体系并不能自动帮助小规模的农户提高收入。出于经济利益的考虑，农民被迫按照中间商的质量标准生产产品。在薄弱的政府监管力度和有限的组织影响之下，赣南脐橙的质量最终主要由各行动者之间的经济关系决定而非国家标准决定。逐渐下滑的口感和安全水准因此成为赣南脐橙产业必须面对的后果。

第六章

南丰蜜橘

第一节　背景介绍

南丰县位于江西省中东部，隶属抚州市，总面积约为 1900 平方公里（见图 6-1）。基于独特的地理环境①，当地已有千年以上的蜜橘种植历史。产自南丰的蜜橘也因此成为我国古老的蜜橘品种之一（见图 6-2）。鉴于其果色金黄、皮薄肉嫩、食不存渣、风味浓甜、芳香扑鼻，旧时的南丰蜜橘曾作为朝廷贡品。但是由于不稳定的当地气温（仅仅只有老县城附近的气温相对稳定）和传统重农抑商政策，蜜橘产量长期偏低。根据记载，在 19 世纪末之前，南丰蜜橘每年仅有 5000 吨左右的产量。而后由于连年战争，其产量更是急跌。1949 年，仅有 174.4 公顷土地仍然种植蜜橘，产量也跌至 895 吨。在计划经济模式下，

① 根据政府资料，基于较高的年平均气温（18.3℃左右）、较长日照时间（1928.2 小时左右）和长无霜期（271 天左右），南丰县是一个种植蜜橘的合适区域。

图 6–1　南丰县在中国江西省的地理位置

图 6–2　南丰蜜橘

南丰蜜橘产业依旧发展缓慢，其种植面积和产量在 1971 年仅仅增至 185.9 公顷和 2101 吨。这一情形在 1978 年推行家庭联产承包责任制后得以改观。1991 年，南丰县蜜橘种植面积和产量升至 4307.5 公顷和 34838 吨。尽管 1991 年冬天南丰县的气温偏低，致使80.27%的当地蜜橘树死亡，但其年产量在 1997 年已恢复至 35000 吨。2009 年，全县已有 34700 公顷蜜橘种植面积，年产 80 万吨（见图 6–3）（黄国安，2007）。

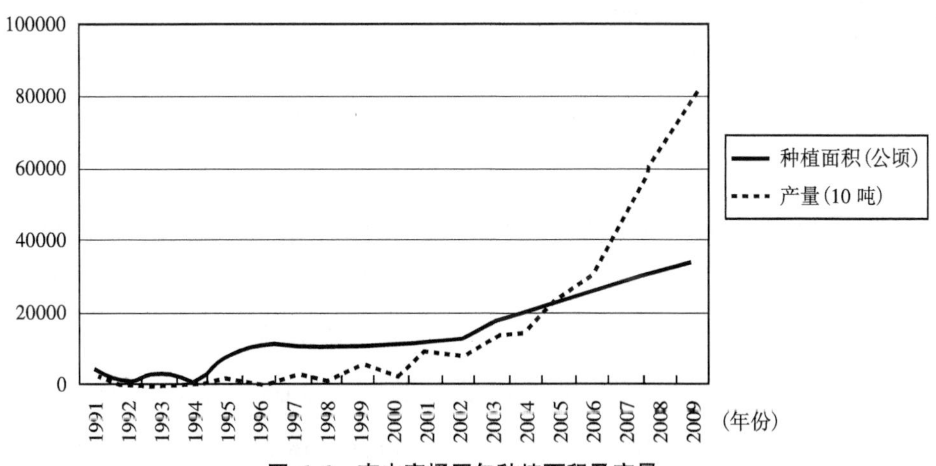

图 6–3　南丰蜜橘历年种植面积及产量

资料来源：当地政府未出版数据。

据政府资料，如此急遽的种植面积及产量增长源于高经济回报。1997~2006 年，南丰蜜橘市场价格翻番，从原本的 1.6 元/千克猛增至 3.2 元/千克，而同期的种植面积也从 12566.7 公顷增至 26666.7 公顷。如此快速扩张的结果是全县 90%以上的农户以及 80%以上的农民收入来自于蜜橘产业（聂娟，2008；南丰县人民政府，2011）。然而，从 2007 年开始，在同期的南丰蜜橘产量依旧快速上升（从 2007 年的年产量 50 万吨增至 2009 年的年产量 80 万吨）的情况下，其市场价格开始下跌，从 2007 年的 3 元/千克跌至 2008 年的 1.6 元/千克以及 2009 年的 1.8 元/千克，如图 6–4 所示。

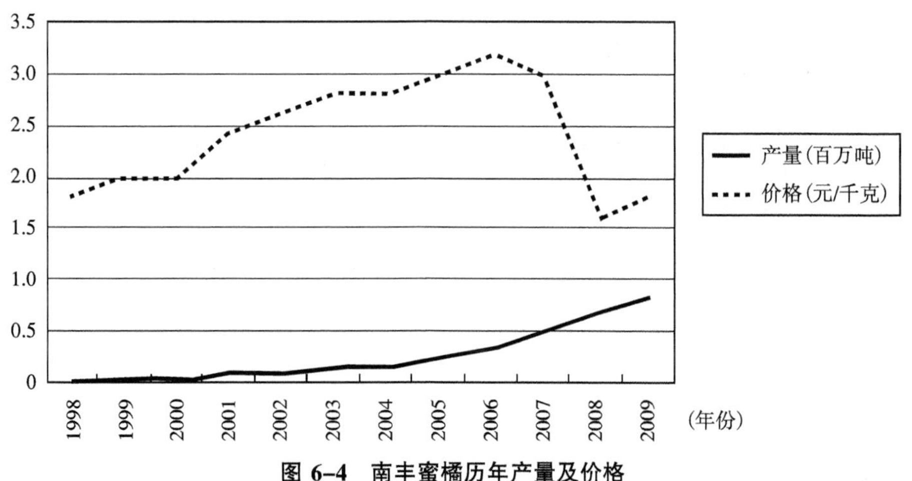

图 6–4　南丰蜜橘历年产量及价格

资料来源：当地政府未出版数据。

鉴于与南丰蜜橘特性相似的砂糖橘在同期市场上产量与价格同步上扬（自 2007 年的 3 元/千克增至 2009 年的 4.4~4.6 元/千克），很多研究者已注意到高供给量可能并不是导致南丰蜜橘价格下跌的唯一原因，质量问题应该引起更多重视（如梁木根等，2008；方治军等，2009；抚州市人民政府，2009；黄应来等，2009）。因此，为了规范种植行为，保证蜜橘质量特性，挽救江河日下的市场声誉及价格，南丰县政府于 2008 年重新修订了南丰蜜橘国家标准。

实际上，第一份南丰蜜橘国家标准出现得很晚。1998 年，在南丰县柑橘技术推广中心的申请下，工商管理总局认定南丰蜜橘为证明商标（见图 6–5）。2003 年 2 月 12 日，在南丰县质量技术监督局的申请下，国家质检总局也通过了南丰蜜橘的地理标志产品申请。在此之后的一个月，由江西省质量技术监督局、江西省抚州市质量技术监督局、江西省南丰县质量技术监督局、江西省抚州市南丰柑橘研究所和江西省南丰县柑橘技术推广中心起草的《中华人民共和国国家标准：原产地域产品——南丰蜜橘》（GB19051–2003）才得以发行。这一国家标准显示了产品保护区域（全南丰县），定义了南丰蜜橘产品特征，确认了南丰蜜橘种植及栽培技术要求，明确了南丰蜜橘质量等级标准、感官特性、理化指标、卫生指标等，而且规定了南丰蜜橘质量的实验方法、检验规则、标志及贮存运输条例。在 2008 年，为了修正旧标准中的某些错误（如原标准为强制性而非推荐性标准）以及满足市场中新的要求，在当地政府的要求下，原有的起草机构继续合作，推出了《中华人民共和国国家标准：地理标志产品——南丰蜜橘》（GB/T19051–2008）。

图 6–5 南丰蜜橘商标

与旧标准相比，新标准的主体结构并未改变，只是在南丰蜜橘的产品定义、质量标准、分级指标及生产规范方面有所调整（见表 6–1）。

表 6-1　南丰蜜橘 2003 国家标准与 2008 国家标准的差异

	中华人民共和国国家标准：原产地域产品——南丰蜜橘（GB19051-2003）	中华人民共和国国家标准：地理标志产品——南丰蜜橘（GB/T19051-2008）
定义	……果形扁圆形，果面色泽橙色或橙黄色，具有皮薄、肉质柔嫩、多汁、酸甜适口、香气浓郁、风味独特、少核或无核等特征。属宽皮柑橘乳橘类小果型品种	……果形扁圆形，果面色泽橙色或橙黄色，具有皮薄、肉质柔嫩、多汁、酸甜适口、香气浓郁、风味独特、少核或无核等特征。属宽皮柑橘乳橘类南丰地方小果型品种
分级标准	提及固形物在各级南丰蜜橘中的含量指标；优等果“不得有碰压伤和其他伤害”	固形物指标未见；优等果“不得有机械伤和其他伤害”
质量指标	包括卫生指标，其应符合 GB/T12947-1991 中 4.5 有关规定	包括安全指标，其具体指标体系包括 NY5014 和 GB/T12947 中的相关内容
种植规范	种植土地的 pH 值在前文未提及，黑斑病未提及，规定的种植密度为 495~750 株/公顷	种植土地的 pH 值在前文中提及，黑斑病提及，规定的种植密度为 495~630 株/公顷

资料来源：中华人民共和国国家标准：原产地域产品——南丰蜜橘（GB19051-2003）及中华人民共和国国家标准：地理标志产品——南丰蜜橘（GB/T19051-2008）（中华人民共和国国家质量监督检验检疫总局和中国国家标准化委员会，2003，2008）。

首先，在 2008 年的标准中，南丰蜜橘被定义为“果形扁圆形，果面色泽橙色或橙黄色，具有皮薄、肉质柔嫩、多汁、酸甜适口、香气浓郁、风味独特、少核或无核等特征。属宽皮柑橘乳橘类南丰地方小果型品种”，而非 2003 年的“果形扁圆形，果面色泽橙色或橙黄色，具有皮薄、肉质柔嫩、多汁、酸甜适口、香气浓郁、风味独特、少核或无核等特征。属宽皮柑橘乳橘类小果型品种”。南丰蜜橘进一步被确认为“品种”而非“产品”。其次，为适应新时代的变化，旧标准中产品质量标准中的“卫生指标”变为 2008 标准中的“安全指标”。其具体指标体系也增加 NY5014[①] 中的相关内容。再次，在两版国家标准中，南丰蜜橘都能按相关指标分为三级。但旧标准比新标准更加严格。比如，各级果的固形物含量在旧标准中都有具体条款，但新标准中则无；旧标准中优等果“不得有碰压伤和其他伤害”，而新标准中则为“不得有机械伤和其他伤害”。最后，新标准中关于种植及栽培技术要求部分更为详尽。比如，种植土地的 pH 值在新标准中有更明确的规定，而标准的

① 农业行业标准：《无公害食品柑橘类水果》。

种植密度也较旧标准有所下降。这些改变明确显示，质量的含义在此网络中并不固定。它会随着当地政府的意愿（品种而非产品的定义变迁）、生产者的要求（降低的质量等级要求）和消费者的偏好（食品安全方面条款的加入）的影响而做出相应的改变。由于2008国家标准亦被南丰蜜橘协会在2010年向农业部申报南丰蜜橘地理标志时所采用（此申请在申报当年被批准）。三个地理标志框架采用的标准至此已相互统一（国家质量监督检验检疫总局和中国国家标准委员会，2003，2008）。

为了保证国家标准在南丰蜜橘网络中的顺利实施，当地政府还经常依据国家标准发出通知与公告，以便于生产者自我规范生产行为（黄国安，2007），如《关于规范使用南丰蜜橘原产地域产品专用标志的通告》、《关于进一步规范南丰蜜橘包装物生产和使用的通告》、《南丰蜜橘国家标准生产管理实施意见》和《南丰蜜橘生产技术规程》等。同时，为了避免三个地理标志框架/部门之间的冲突以便于更好地管理南丰蜜橘产业，在标准修订之外，南丰县政府还通过合并南丰柑橘研究所和南丰县柑橘技术推广中心于2006年成立了专门的南丰县蜜橘产业局负责全县蜜橘产业的管理工作。此外，为了使整个南丰蜜橘网络能够更有效率地运作，由农民、加工商、销售商和技术研究人员组成，以帮助农民提高种植水平和规范蜜橘市场行为为目的的南丰县蜜橘产业协会在当地政府和中间商的支持下于2006年成立。随之，着眼于进一步提高科研水平和推广现代种植及储藏技术的，由政府职员、研究人员和技术人员组成的南丰蜜橘研究会也在政府支持下于2007年成立。

然而，在今天看来，新标准的出台、主管部门的出现以及各类协会的成立并未使得南丰蜜橘的质量得以显著提高。这一情况的出现被政府归结为两点原因（抚州市人民政府，2009；黄国安，2007）。首先，作为一个地理标志产品，南丰蜜橘的很多质量特征，如外形和口感等都取决于自然条件并随着外部环境的变化而变化。即使在南丰县境内，很多地方也不适宜蜜橘树的生长。南丰县政府的数据表明，南丰蜜橘最早栽培区域（北起洽湾镇上店村，沿盱江两侧经县城往南至广昌交界处），由于地势较低（海拔 100 米以下），土壤中含有大量的沙和有机质，气候条件好（年平均温度>18.1℃），所产南丰蜜橘品质最优。而在这片区域的东部和西部，由于海拔较高（250 米左右），气温较低（年平均气温在 17.6°C~18.0°C），雨量较丰富，并不是很适宜种植南丰蜜橘。而在南丰县的其他地区，海拔更高（最高处为 400 米），温度更低（年平均气温在 15.8°C~16.7°C），根本不适合种植南丰蜜橘（抚州市人民政府，2009）。南丰蜜橘种植在全县的扩张因此带来了大量“低品质”的产品。其次，南丰蜜橘属于易变异品种，在培育的过程中保持其原有特性并不是件容易的事情。这一特性也是南丰蜜橘的种植面积及产量在 1980 年以前难以快速扩张的原因之一（黄国安，2007）。直至今日，基于技术水平的限制，即使政府资助下的各类蜜橘研究中心声称他们能够提供“优质”种苗，一些南丰蜜橘质量特性（如蜜橘大小等）也依然难以保证。过去 30 年间，在南丰县种植的大量不合格种苗也是今日“低品质”南丰蜜橘在市场上出现的重要原因（梁木根等，2008）。

大部分的南丰蜜橘在国内市场中被售出。依据当地政府的数据，2009 年，仅仅有 7.45%的总产量（约 6 万吨）在通过了与内销标准不同的特殊的质检体系后被销往国外市场。由于 90%以上的南丰蜜橘只限于国内销售而国内外市场的质检系统差异也较大，本书只关注国内市场进行调研。在国内市场中，由于南丰蜜橘不适宜鲜榨果汁及进行深加工（个小且含糖量低）且当地缺少冷藏设备以储存鲜果，几乎所有的南丰蜜橘都是在 10 月至第二年 2 月以鲜果的方式销售到市场中去的。同时，在国内市场中，以 2009 年为例，70%以上的年产量都被 25000 多名当地农民以零售的方式卖给终端消费者，只有剩下 25%左右的产量由 54 家中间商售往全国各地（见图 6-6）。面对面的传统交易方式依然主导了这个网络。

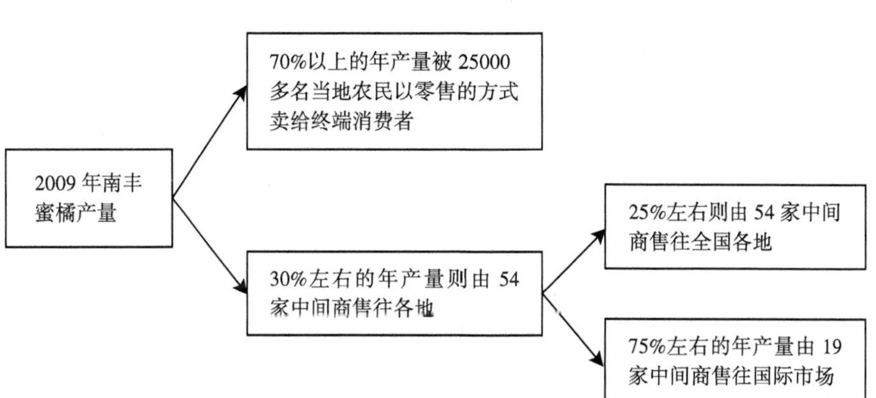

图 6-6 2009 年南丰蜜橘销售网络

资料来源：当地政府未出版数据。

作为国家标准的制定者和执行者，当地政府是南丰蜜橘网络中与质量形成过程紧密相关的重要行动者。同时，作为南丰蜜橘的种植者，农民在南丰蜜橘质量形成过程中的重要作用不言而喻。作为培育种苗和帮助农民科学种植南丰蜜橘的技术人员对于南丰蜜橘质量的影响也不可回避，更何况很多技术人员还是南丰县蜜橘产业协会和南丰蜜橘研究会的成员。此外，中间商也是网络中的重要组成部分。由于约25%的年产量由这些中间商负责售卖，他们因此也可以通过掌握消费者偏好来制定质量收购标准进而影响南丰蜜橘的最终质量。综上所述，政府工作人员、农民、中间商以及技术工作者都是网络中的重要行动者。因此，访谈样本在他们中被仔细选择并一一进行访谈，以研究和分析南丰蜜橘网络中的质量形成过程，进而了解地理标志体系对于南丰蜜橘质量的影响。

第二节 样本概况

3 位本地政府工作人员、4 位农民、3 位中间商和 4 位技术人员最终被确立为本次研究的样本在南丰县被一一访谈，如表 6–2 所示。

表 6–2 南丰蜜橘网络中被访谈者的个人特征

被访谈者	个人特征
政府工作人员 A	来自于当地质监局，南丰县蜜橘产业协会成员
政府工作人员 B	来自于当地工商局
政府工作人员 C	来自于当地蜜橘产业局，参与 2008 年国家标准的编撰工作，南丰县蜜橘产业协会和南丰蜜橘研究会成员
农民 A	来自于不适宜种植区域，拥有 0.3 公顷土地，年产 3 吨蜜橘，仅具小学学历
农民 B	来自于不适宜种植区域，拥有 1.5 公顷土地，年产 20 吨蜜橘，仅具初中学历
农民 C	来自于适宜种植区域，拥有 800 棵蜜橘树，年产 25~35 吨蜜橘，所产蜜橘销售给政府工作人员，仅具小学学历
农民 D	来自于较适宜种植区域，拥有 3.3 公顷土地，年产 200 吨蜜橘，未读过书
技术人员 A	来自于当地蜜橘产业局，南丰县蜜橘产业协会和南丰蜜橘研究会成员
技术人员 B	来自于当地质监局，南丰县蜜橘产业协会和南丰蜜橘研究会成员
技术人员 C	合同制农庄技术服务人员，南丰蜜橘研究会成员
中间商	在自有品牌下销售来自于适宜和较适宜种植区域的蜜橘，年销量约为 5000 吨
零售商	每年以“南丰蜜橘”的名义销售 100 吨左右来自于不适宜种植区域的蜜橘
工厂经理	负责合同制农庄所生产的“高质量”蜜橘的分级和包装工作，年处理 200 吨以自有品牌销售的蜜橘
农庄经理	负责一个横跨适宜和较适宜种植区域的约 300 公顷、年产量约 4000 吨的合同制大农庄的日常管理工作，其产品在自有品牌下进行销售，个人为南丰县蜜橘产业协会成员

3 位政府工作人员分别服务于当地的质监局、工商局和蜜橘产业局。他们中的一位还曾经参与撰写了 2008 年国家标准。

4 位农民样本则由政府工作人员和相关技术人员推荐而来。虽然推荐的潜在样本很多，但主要基于橘园所处地点（适宜的、较适宜的、不适宜的）① 及大小的考量，最终 4 位农民被选择作为样本进行访谈。第一位和第二位被访谈的农民来自于不适宜种植南丰蜜橘的乡村。他们中的一位拥有 0.3 公顷橘园，年产量约为 3 吨。另一位拥有 1.5 公顷橘园，年产量约为 20 吨。剩下的两位受访农民分别来自适宜地区和较适宜地区。那位来自于适宜地区的农民拥有 800 棵蜜橘树，年产量约 25~35 吨。由于所产蜜橘口感极好，他的产品每年几乎都被当地政府工作人员

① 种植地点被认为是影响南丰蜜橘质量的重要因素。

收购一空。另一位受访农民则拥有 3.3 公顷橘园，年产约为 200 吨蜜橘。

南丰县农民得到的相关技术支持主要来自于南丰县政府。因此，3 位被访谈技术人员中的 2 位来自于当地政府：一位为质监局工作人员，一位为果业局工作人员。这两位都是南丰县蜜橘产业协会和南丰蜜橘研究会的成员。在调查的过程中研究者发现，南丰县还存在很多蜜橘收购商。他们以合同制农庄的形式收购农民所产蜜橘。为保证蜜橘质量，收购商经常委派自己的技术人员去监督农民的农资投入和具体种植行为。在此情况下，这些技术人员对蜜橘的质量也有一定影响。故此，3 位被访谈技术人员中的最后一位来自于收购商。

与赣南脐橙网络不同，合同制农庄在南丰蜜橘网络中运作得很好。究其原因主要是高品质的南丰蜜橘只产在一定的区域内[①]。换句话说，由于高品质蜜橘的选择面很窄，合同收购商只能付出比平均市场价更高的价格以保证农民遵守合同。农民在收到满意的经济回报的基础上，也愿意将他们的产品售卖给合同收购商。因此，1 位中间商（批零兼营）、1 位零售商和 2 位经理（1 位为合同制农庄中加工包装厂经理，1 位为合同制农庄中农庄管理经理）作为中间商样本被一一访谈。他们中的 3 位由政府工作人员介绍而来，而零售商则由 1 位技术人员推荐而来。批零兼营的中间商每年从适宜和较适宜种植区域收购 5000 吨左右南丰蜜橘在其自有品牌下进行销售。被访谈的零售商则拥有一个街角小铺以帮助他的家庭（位于不适宜种植区域，面积大约为 0.7 公顷）和附近邻居以“南丰蜜橘”的名义在市场上售卖所产蜜橘。他的年销售量大约为 100 吨。第三位被访谈的经理负责合同制农庄所生产的“高质量”蜜橘的分级和包装工作。这些“高质量”蜜橘均都来自于适宜种植区域而最终产品则是以工厂的自有品牌而非地理标志的名义进行销售。他所在的工厂年处理量约为 200 吨。第四位经理则负责一个

① 指适宜种植区域（老县城周边地区）。

横跨适宜和较适宜种植区域（约 300 公顷），年产约 4000 吨的合同制大农庄的日常管理工作，而此农庄所产的蜜橘也是以自有品牌而非地理标志的名义在市场上销售。

根据半结构访谈的提纲，每个被访谈者都被要求回答至少 20 个有关网络中质量衡量标准，政治、社会和经济环境在质量形成过程中的影响，以及地理标志相关法令/法规/条例对于生产行为影响三方面的问题。所有的被访谈者都乐于与研究者讨论这些问题，进而提供了大量数据以供研究。

第三节　权力关系下的质量形成过程

与第五章相似，聚焦于各行动者之间的权力关系，数据最终被分成四个方面进行分析：政府在质量形成过程中的影响、各类组织在质量形成过程中的影响、各类经济关系在质量形成过程中的影响，以及其他因素对质量的影响（见图 6-7）。同时，基于本书第四章对于数据

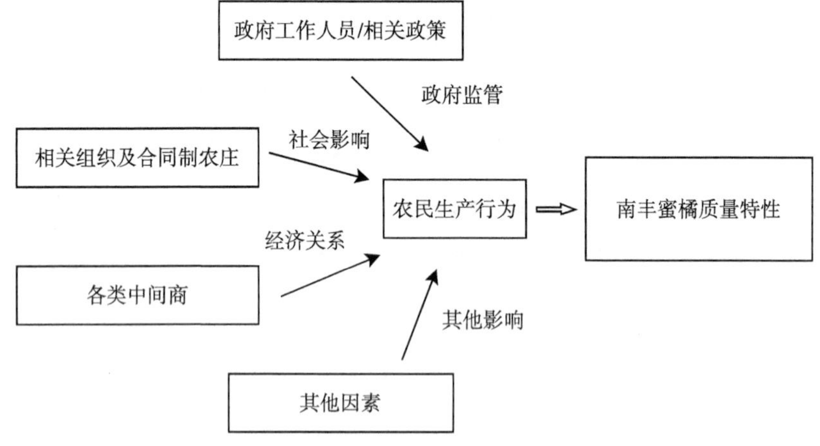

图 6-7　南丰蜜橘案例中基于权力关系的分析结构

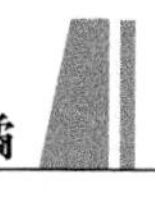

来源的分析，不仅是通过访谈取得的一手数据，而且包括来源于出版物、网络和个人关系的二手数据也会在数据分析中被使用，以便提高结论的正确性和可信度。

一、政府在质量形成过程中的影响

基于众多的法律、法规、质量标准及生产规范等（如产品质量法、食品安全法和南丰蜜橘国家标准等），当地政府依法对南丰蜜橘的生产过程及质量实施监管。为了保证国家标准的实施，当地政府还经常发出通知与公告以促使生产者进行自我规范。然而，在本次调研中，不仅绝大多数生产者对这些法律、法规和标准不甚了解，就连执行监管工作的政府工作人员也对这些法律、法规和标准知之甚少。就像政府工作人员 B 所述，“生产者必须遵照强制性条款种植蜜橘。比如，食品安全法就规定一些农药不能在生产蜜橘类产品时使用……（但是）只有食品安全法是强制性的”。

这种情况的发生主要与当地实际情况有关。首先，由于南丰县80%以上的农民收入来自蜜橘产业，当地政府工作人员坦言“发展蜜橘产业的目的就是为了提高农民收入”（政府工作人员 A）。既然一半以上南丰县的 GDP 都来自于蜜橘产业，严格的质量监管理所当然地被当地政府所摒弃，因为“严格的质量监管可能会提高农民投入并最终降低农民收入”（政府工作人员 A）。其次，即使“食品安全法规定还是必须遵守，因为安全问题会导致消费者拒绝购买相关农产品”（政府工作人员 B），但由于“缺少工作人员”和不可靠的样品送检过程，食品安全的重要性在网络中仍难以引起重视。就如政府工作人员 C 解释道，“1979 年开始，政府允许农民自己售卖自己所产的农产品。这样一来，对于数量有限的政府人员来说，全面的质量抽检就成了一项不可能完成的任务”，而技术人员 B 也声称“本地质监局、工商局和蜜橘产业局总是要求大农场、收购商及经销商送样而不经过抽检程序进行蜜橘质量检查……对于单个农户的抽查还从未进行”。政府从未施行过的生产检查和质量抽查使得除了两位合同制农庄的经理和声称其产品全部被南丰县政府工作人员收购的农民 C 之外，所有被访谈的农民和经销商都在不熟悉相关法律、法规和标准的情形下，按照自己的意愿生产南丰蜜橘。实际上，即使是两位经理和农民 C 也指出，政府的质量监管影响极小，因为“政府的标准极低”（工厂经理），“我的客户的要求远远高于政府要求”（农庄经理），以及“我被要求每个月送一些样品（而非政府人员抽取）去果业局的质量检查办公室”（农民 C）。政府监管的缺失使得被禁止使用的一些农药也开始在南丰蜜橘网络中使用，就如工厂经理所描述的那样，“一些农药被禁止在培育蜜橘树时使用。但据我所知，一些农民依旧使用它们。这就是我为什么说政府加强监管是保证南丰蜜橘品质的最重要一环的原因”。必要的质量监控措施的缺失还使得部分农民甚至开始认为所有在市场上能买到的农药都是安全的（不用顾忌使用时间和分量），并且大量施用农药和化肥还有益于提升南丰蜜橘质量（如使得蜜橘表皮光洁，病虫害痕迹减少等）。例如，技术人员 C 指出，“农民在施用化学药剂以对蜜橘进行更好储存时，他们对剂量其实并无概念……过量施用有可能会产生”。而农民 B 也声称，“我总是用一种化学药品储存蜜橘。在用了这种药品之后，我的蜜橘可以存放两个月以上。同时，颜色也会变得更红……我不知道这种药品的名字。但是，这对消费者的健康应该没有影响（如果有影响，那就不可能能被售卖）。这种药品是销售人员推荐的”。在这种情形下，食品安全问题就很容易出现。

除了一般性的法律法规和标准外，地理标志体系本身被寄予了额外提供食品质量安全保障的期望（只有达到相应标准的产品才能使用地理标志）（Watts and Goodman，1997；Parrott et al.，2002）。然而，所有被访谈者都指出质量检验程序并不包含在地理标志颁发过程之中。

由于三个地理标志框架同时存在于南丰蜜橘网络之中，为了减少部门间的冲突，南丰县政府成立了南丰县南丰蜜橘保护办公室来管理三个不同的地理标志/证明商标。但是期望这个办公室通过地理标志的颁发程序保证产品质量却是不现实的。被访谈的农民指出，政府工作人员经常直接派送地理标志/证明商标给农民，他们因此无须通过申请和质量检验等程序就可使用相应标签，而中间商和经理们则声称他们被要求向政府递交申请表然后付费取得相应的标签，但是质量检验这一步也并不包含在申请的过程之中。政府工作人员则解释说，采取简易的地理标志发放程序是由不明确的国家标准、起效甚微且难以实施的种植规范以及上级主管政府对于国家标准的错误解读造成的。

首先，撰写国家标准的目的是为了更好地发展地理标志网络以至于最终有效地“提高农村及农民收入”（政府工作人员 A）。所以，在面对“快速扩张的种植区域和急遽改变的种苗特性”且缺少“相关的科研能力以很好地定义南丰蜜橘”（政府工作人员 C）的情况下，当地政府别无选择，只能出台不甚明确、富有弹性的南丰蜜橘质量指标以保证所有产自南丰县的蜜橘都能达到国家标准。这一做法的最终结果就是个悖论，以提高全县农民收入为目的的国家标准不能用来保护全县农民的利益（标准无法用来区分市场上产自于南丰的蜜橘和产自于其他产地的蜜橘）。就像技术人员 A 所述，“样本被送到实验室以检查农残和一些物理指标，如含糖量、总酸和固体物含量……根据我的记忆，没有任何样品未通过检验。这并不是说所有的样品都很好。由于很宽泛的标准，几乎所有，甚至是产自南丰县之外的蜜橘，都很难得不通过检验”。

其次，对于南丰蜜橘这一地理标志产品来讲，自然条件对其质量（如口味、形状等）的影响远远大于种植设备及技术。所以，国家标准中种植规范的效用极其有限。政府工作人员 A 指出，“数个国家标准示范园于 2005 年开始成立。基于仔细筛查过的种苗，大量资金投入而建立的现代农业体系，并依照相关种植规范进行的细致管理，这些示范园所产蜜橘与邻近地块所产蜜橘相比，口感和外形等都较好。但是，和老县城周边的老蜜橘树所产蜜橘相比，品质仍有较大差异。老蜜橘树总是能够产出口感更好的蜜橘。老县城周边的地块也总是更适合生产南丰蜜橘”。

再次，虽然国家标准中种植规范对南丰蜜橘质量影响不大，但当地政府仍然试图劝说农民按照规范进行栽种以提高南丰蜜橘总体质量水平。由于按规范进行种植需要一定的资金投入，数年前，面向当地农民果园改造项目的银行贷款在政府的支持下开始推广。但鉴于一些果园要求的投资力度较大（如部分果园要求先建电网以支持后续的自动灌溉系统）以及部分果农将贷款用在非果园建设方面并拒绝归还（缺乏完善的信用机制），这一政府举措并未使得相关种植规范在当地得以施行。就如技术人员 B 所描述的那样，“几年前，政府就要求当地银行给农民提供贷款用于购买农资产品。额度大约是 3 万元/农户。但是，大部分农民不正确地使用这个贷款去购买非农资产品，比如摩托车等。更糟糕的是，大量农民拒绝归还贷款。这样一来，当地的农民就越来越难得到贷款支持以按照国家标准进行种植”。

最后，当地上级政府的态度也使得南丰蜜橘国家标准形同虚设。为了使得“南丰蜜橘”这一地理标志给更多农民带来收益，“南丰县所属的抚州市政府声称南丰蜜橘是品种名称[①] 而非特有的地理标志产品。据此，自 2007 年始，抚州市在全市范围内开展了‘双百工程’，期望在全市范围内（下属 10 个县）种植 100 万亩，年产 100 万吨南丰蜜橘”（技术人员 C）。面对这种情况，政府工作人员 B 很明确地指出，“南丰蜜橘国家标准就更难以强制性实施”。

基于上述资料可以很明显地看出，薄弱的质量监察体系、地理标志颁发过程中缺失的质量检验程序、无效且难以实施的种植规范以及

① 这一观点在 2008 年国家标准中得以展现。

对国家标准的错误解读，使得南丰蜜橘网络内的生产行为难以受到一般的法律、法规和南丰蜜橘国家标准的约束。因此几乎所有的被访谈者（包括政府工作人员和技术人员）都认为，地理标志是一个市场营销工具而非证明商标。一些生产者甚至开始拒绝在其产品上使用地理标志标签，因为"每个人都能在他的产品上使用这个标志，声称他的产品是南丰蜜橘，即使他的蜜橘事实上产自南丰县之外。这件事（指使用地理标志）毫无意义"（农民 A），并且，"粘贴标志本身会耗费一定的人工，这也会降低我的收入"（农民 B）。

二、相关组织在质量形成过程中的影响

在政府的支持下，现今南丰县正式备案的合作组织主要有两个：南丰县蜜橘产业协会和南丰蜜橘研究会。根据技术人员 A 的描述，南丰县蜜橘产业协会主要由"技术人员、农资售卖商、农民和中间商"组成，而南丰蜜橘研究会主要由"政府工作人员和技术人员"组成。但是，虽然这两个组织的组成人员和目的各不相同（南丰县蜜橘产业协会的建立是为了申请地理标志以及管理整个网络，南丰蜜橘研究会的建立是为了促进产业内科学研究的进行和现代技术的推广），这两个组织在当今网络中的作用都极其相似。例如，技术人员 A 就声称南丰县蜜橘产业协会的主要任务仅仅是"每年递送两份通告到各个乡村指导农民的生产行为"以及组织"每年两次对不同乡村进行种植技术方面的调研"，而技术人员 C 也指出，南丰蜜橘研究会的主要职责仅为"向农民传达新的种植技术"。鉴于这两个组织的"建议性"的运作性质以及"仅有少量的运作资金和人员"（政府工作人员 C），几乎所有被调研者都认为这两个组织在南丰蜜橘生产行为及质量方面影响不大。

在这两个政府支持的合作组织之外，由单个农民组合而成的合作社在本次调研中并未被发现。究其原因可能是悠久的种植和单独售卖

的历史[①]使得当地农民不习惯相互合作。但存在于农民和销售商之间的“合作组织”——合同制农庄却在南丰蜜橘网络中运作得很好。许多受访者（特别是政府工作人员）甚至相信这是提高种植水平及蜜橘质量的有效方法。

被调研的两个合同制农庄都根植于适宜和较适宜种植区域，因为“口感好的南丰蜜橘不可能来自于不适宜种植区域”（农庄经理）。每年初（也有一次性签署 4~5 年合同的情况），收购公司就与农户签署收购合同。在合同的约束之下，农民仅仅能够使用公司采购的化肥、农药和其他农资产品进行种植。同时，他们的具体种植行为还经常受到公司技术人员的指导和规范。年底丰收时，为了保证签订合同的农民将他们的产品售卖给合同收购商而非其他中间商，公司一般都会以“高于平均市场价格 20%~30%的价格”收购合同制农民所产蜜橘[②]（农庄经理）。在一些年份，当市场价格过低时，公司为了保持和农民之间良好的合作关系，甚至会以高于合同约定的价格收购农民的产品。就像工厂经理所描述的那样，“我的公司付高价购买合同制农民所产蜜橘。去年，由于市场价格过低（低于农民的成本），我公司所付收购价甚至高于平均市场价的 50%。但是，如果合同制农民违反了我们的合同（不遵守生产规范等），我们公司也会终止合同的履行。这就意味着他们只能在市场上以较低的价格出售他们的产品”。

如果合同制农民依照合同条款生产并售卖他们的产品，农民和收购商都能从这一模式中得利。从农民的角度看，农民因为遵守规定获得高额收入。根据当地政府未出版数据，即使在 2009 年，南丰蜜橘平均批发价格为 1.8 元/千克时（这个价格低于很多农民的种植成本），为了保护合作农民的积极性，有些合同收购商甚至开出 2.8 元/千克的价

① 南丰蜜橘拥有悠久的种植历史。由于历史产量一直偏低，单个农户已习惯于单独售卖其产品。
② 此项条款一般会在合同中注明。

格对合作农民的蜜橘进行收购。从收购商的角度看，由于合作农户的种植行为能够被收购商所控制，收购商也能获得符合他们“期望”的具有特定质量特性（如大小和口味等）的蜜橘。由于这些质量特性是合同收购商基于仔细的市场调研和论证所得，这些“高品质”南丰蜜橘理所当然的能以高价格在市场上售卖并最终给合同收购商带来较高利润。就如农庄经理所述，“经过细致的市场调研，我公司就了解了消费者对‘质量’的要求，进而能够依此制定相应的种植规范来限制农民的种植行为以获得具有相应质量特性的蜜橘……如果所产蜜橘质量能够进一步提高，我公司能获得的利润还会更高……去年，我公司蜜橘的最高售价是 28 元/千克。就此来说，付给农民的高价格对我公司完全没有压力”。

由于农民的种植行为能够有效地被所签订的合同所约束，这种合同制农庄的方式被当地政府工作人员认为是一种有效的保证甚至提高南丰蜜橘质量的方式。政府工作人员 A 因此说道，“我想在整个南丰县推广这种模式……合同制农庄是保证南丰蜜橘质量的有效方式。农民和收购商都被合同所紧紧约束。收购商能够依据合同控制农民的种植行为进而管控质量”。然而，这种模式的推广有个两个致命的障碍，“中国年产 2500 万吨相似的柑橘类产品”（政府工作人员 C），同时“南丰县大部分区域不适合优质南丰蜜橘的生长”。这样一来，就只有少数几家大型公司会选择南丰作为他们的生产基地。而当地的中间商由于一般规模较小难以负担细致的市场调查工作，一般也不会采取合同制农庄的方式收购他们的产品。因此，2009 年，只有不到 8%的南丰蜜橘通过这一模式进行生产。

很明显，在南丰蜜橘网络中，合同制收购商对蜜橘质量有巨大的影响。然而，由于相关种植规范的制定是一般经销商难以负担的细致的市场调研结果，同时合同制收购商也都在其自有品牌而非地理标志的名义下售卖蜜橘产品，地理标志体系在合同制农庄中的影响依然极其微弱。

三、经济关系在质量形成过程中的影响

2003 年的南丰县，仅仅只有 30%的农民收入来自于蜜橘生产（政府未出版数据）。而在 2009 年，这一数值升至 80%（南丰县人民政府，2011）。由于南丰蜜橘已经成为对当地农民来说最重要的农作物且种植面积难以继续扩张（南丰县的面积有限），如何提高其市场售价进而提高当地农民收入已经成为当地政府急需考虑的问题之一。

在比较了相似产品（如砂糖橘）的售价之后，市场上持续下跌的南丰蜜橘价格被一些研究者和当地政府认为主要是由低品质而非高产量造成的（如梁木根等，2008；方治军等，2009；抚州市人民政府，2009；黄应来等，2009）。然而，来自于不适宜种植区域的农民却以当地不合适的自然条件和缺乏投入资金为由拒绝通过提高投入（如建设现代化的灌溉系统）来提升蜜橘质量。基于政府工作人员提供的数据，2008 年和 2009 年每公顷橘园只能给当地农民带来 32496 元和 41526 元的销售收入。但这两年平均每公顷橘园的肥料、农药和工人投入却是 27000 元和 29700 元。鉴于南丰县平均蜜橘园面积只有 0.8 公顷，在没有来自政府和银行的资金扶持的条件下，这些农民没有任何加大投入以提高其蜜橘质量的动力。实际上，由于收购商支付给“低品质”（不好的口感）南丰蜜橘的价格远远低于市场均价，位于不适宜种植区域的农民收入比前文提到的平均收入更低。一些农民的售出价甚至只有 1.2 元/千克[①]（技术人员 A）。同时，市场上的南丰蜜橘售价还被高供给量所影响。大量来自于抚州市所辖其他县的南丰蜜橘[②]进一步拉低了位于不适宜种植区域的农民提高其产品质量的积极性。就如农民 B

① 2009 年，南丰蜜橘市场平均价格为 1.8 元/千克。

② 根据当地政府未出版数据，抚州市南丰蜜橘种植面积在 2009 年已达到 69 万公顷，而同年南丰县蜜橘种植面积仅为 3 万公顷。

所述，“价格由市场决定……口感确实能够通过改变种植方式得到一定的提高。但对于我来说，不论我做什么，我的蜜橘品质也不可能像有些地方（指适宜种植区域）一样好。通过提高投入以提高品质进而得到高收入对于我来说是不现实的。我不知道我的投入是否能够在将来得到回报”。因此，来自于不适宜种植区域的两位被访谈农民声称他们从来不在果园中施用农家肥也从不灌溉，因为他们“可能并不能获得与增加的投入相应的收入”（零售商）。一个逆向的质量形成环因此在不适宜种植区域形成，如图 6-8 所示。

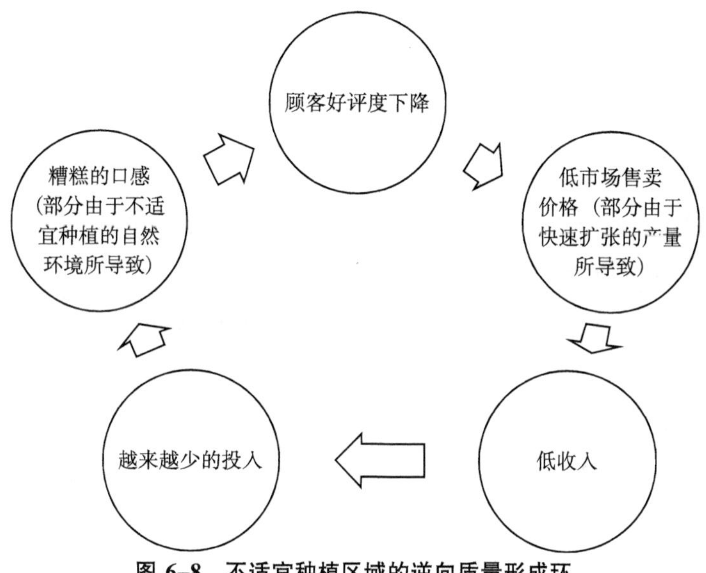

图 6-8 不适宜种植区域的逆向质量形成环

仅仅只有来自于适宜种植和较适宜种植区域的农民愿意通过提高投入来提升其产品质量。即使平均市场价格相对较低，中间商及消费者依然愿意为口感好的南丰蜜橘付出相对较高的价格。如此一来，农民为提高质量而进行的努力就能得到相应回报。就像农民 C 所说，“我的蜜橘从不销售给中间商。它们在果园里就能卖完。很多当地人甚至政府工作人员都知道我的果园产好蜜橘。他们也愿意为我的蜜橘付高价。今年我的蜜橘分等卖。最好的能卖到 10~12 元/千克，最差的也能卖到6~8元/千克。我每年都用农家肥栽培我的果树，这样出来的蜜橘甜。虽然我花了较高的成本，但是我的收入也高”。因此，两位来自于适宜和较适宜区域的被访谈农民偏向于“仔细选择种苗”并“施用农家肥”来培育他们的果树以换取较高收入。

但也应该注意到，对于所有被访谈农民来说，南丰蜜橘质量几乎等同于口感好坏而不涉及安全或是外形特征。首先，在薄弱的政府监管下，农民并不被强制保证产品的安全性。而最终购买者没有能力检查蜜橘产品安全性的情形也使得农民对蜜橘的安全特性漠不关心。就像农民B所说的那样，“市场上没有人（指政府工作人员和消费者）关心安全问题。对我来说，就没有必要考虑安全问题”。其次，快速改变的消费者对于蜜橘外形的偏好也使得农民认识到他们很难通过改变产品外形取得高收入，卖到4元/千克。价格的差异主要基于颜色而非大小……几年前，体形较小的南丰蜜橘售价较高。但在过去的三年中，消费者更喜欢购买红色的蜜橘而非小蜜橘。

在南丰蜜橘网络中，质量的形成过程主要受到“购买力”的影响，因为农民总是在仔细衡量了他们的投入和将来可能的收入之后才做出具体生产决策。这也是为什么合同制农民会依据合同条款（合同收购商的要求）来生产蜜橘的原因。虽然他们必须时时关注各类生产规范，但他们也获得了合同规定的较高收入作为补偿。

四、其他关系在质量形成过程中的影响

南丰蜜橘的种植过程亦即质量形成过程除了受到网络行动者之间政治、组织和经济关系的影响外，其他因素，如自然环境、种植户学历和当地的售卖习俗等的影响也不容忽视。

所有的被访谈者都指出种植区域和不稳定的基因是影响南丰蜜橘口感和外形（同为质量特性的组成部分）的关键性因素，例如适宜种植区域内，老的蜜橘树总是能生产外形较小、口感较好的南丰蜜橘。

即使部分的自然因素的影响能够被农民的种植行为所削弱（如分三批采摘蜜橘能够增加部分蜜橘在阳光下的暴露时间进而加深蜜橘颜色，以及仔细选择的种苗能够产出较好口感的蜜橘），作为一个地理标志产品，自然因素在南丰蜜橘质量方面的影响不可忽视。就像技术人员C所描述的那样，“如果将南丰蜜橘树移植到邻县，口感一般都会改变（基于被改变的自然环境）……产自老县城附近的南丰蜜橘口感优于其他区域所产蜜橘的原因主要在于大量的老树、土壤中含有更多的有机质以及更适合南丰蜜橘这一品种生长的自然环境（如温度和降水量等）”。巨大的自然力量甚至影响了农民的生产行为，使其在适宜和不适宜种植区域产生了巨大差异。

同时，所有被访谈的农民受教育水平都较低。随之而来的就是排斥参加政府技术培训课程，不愿熟悉化学投入品（如农药）的特性以及难以相互合作以取得规模效应（如进行市场调研等）。就如技术人员A声称的那样，“当地农民很难去主动学习或思考一些事情，除非他们能够立刻得到相应的经济回报”。农民D也承认，“去年，政府在村子里开设了一些课程，但是我没有参加。（如果）我参加了，他们也不会因此付钱给我”。

最后，由于很多当地农民偏向于独自售卖他们的产品，中间商们（除了合同收购商）很难利用他们相关的市场知识（如市场上消费者偏好）去影响农民的种植行为。由于缺少中间商在网络中及时传递市场信息的功能，农民C和农民D就抱怨说，“抓住消费者的需求很难”以及“就经济效益而言，改变产品外形以迎合消费者偏好是不值当的”。

自然因素、生产者受教育程度和当地的习俗都会对农民的生产行为以及南丰蜜橘质量特性产生重大影响。但也应注意到，除了这些因素之外，其他因素也可能对南丰蜜橘质量产生一定影响，如农民的种植经验可能会对蜜橘口感产生影响，以及政府派往各村的技术人员数量也可能对蜜橘口感、外形和安全性产生一定影响。

第四节　本章小结

基于1300多年的种植历史，“南丰蜜橘”在1998年、2003年和2010年分别在中国3个地理标志框架内进行了注册。当地政府支持注册行为的初衷是增加农民收入。但数据却显示，地理标志本身并不能自动给当地生产者带来高收入。只有在高品质的基础上，辅助以有效的管理和组织技巧，市场才会有给生产者相应高收入的可能。

在南丰蜜橘网络中，政府工作人员基于相关的法律/法规以及国家标准而进行的监管行为十分薄弱，政府支持下的各类合作组织也没有能力规范生产行为，且地理标志的颁发也并不以质量检测作为前提。这样一来，网络中各行为者之间的经济关系就主导了南丰蜜橘的质量。其中，拥有强大“购买力”的合同收购商对质量影响最大。与其相比，没有“代理者”的单个消费者在网络中的发言权就极其微弱。

第七章
婺源绿茶

第一节　背景介绍

中国是历史上最早种植茶叶的国家，而江西省东北部的婺源县所处的古徽州地区（包括今天的歙县、黟县、休宁县、婺源县、绩溪县、祁门县）更是中国传统的茶叶种植区域（见图 7-1）。根据当地政府资料，基于较高的海拔（大量的山地使得当地平均海拔高于 500 米），不低的年平均气温（16.8℃左右）、较短的日照时间（1715.1 小时左右）和高年降雨量（1962.3 毫米），婺源县拥有种植绿茶的完美自然条件。

从古至今，茶叶都是徽州农民赖以生存的重要农作物之一。从 18 世纪以来，这个地区所产的绿茶在全球销售并被冠以“中国绿茶”的称呼。鉴于频繁的商贸活动，以推进本地经销商之间的沟通与交流为目的的众多小型合作组织从 1878 年开始在徽州出现。在当时政府的支持下，这些小型组织于 1930 年合并形成了“徽州茶叶公会”。基于较高的产量（年产上千吨茶叶），这个公会最终控制了中国南方几个大城

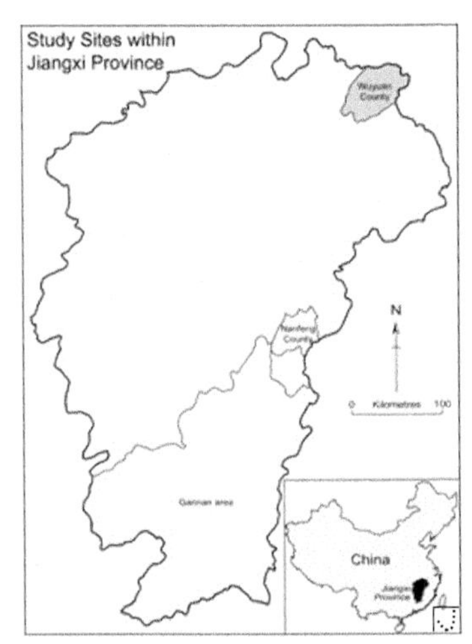

图 7-1 婺源县在中国江西省的地理位置

市（如上海和广州）的茶叶市场，并通过强化组织间联系和设立垄断价格获取高额利润。这些高额利润反过来又对茶叶的生产产生了刺激作用，譬如，1930 年婺源县的茶叶产量仅有 800 吨，而到了 1936 年，这一数字激增至 1250 吨。这个高利润市场成功地吸引了当时国民政府的注意。1939 年，由国民政府设立的“茶叶产销合作社”取代了“徽州茶叶公会”。根据当时的政策，所有产于徽州（包括婺源县）的茶叶都要卖给“茶叶产销合作社”，同时，此合作社也有义务购买所有徽州所产茶叶。在这一购买政策的刺激之下，当地茶叶生产增长更加迅猛。婺源县的茶叶产量从 1936 年的 1250 吨猛增到 1938 年的 2300 吨。90%以上的婺源当地农民都在这一时期加入到茶叶产业之中。但是，随高产量而来的却是茶叶质量和售价的大幅下滑。面对一个不盈利的市场，“茶叶产销合作社”不得不于 1940 年解散，当地茶叶产量也随之下降。婺源县的茶叶产量在 1941 年猛跌至 1500 吨。之后由于连年战乱，1949 年婺源县的茶叶年产只有高峰期的 32.6%（750 吨）。在新中国成立后，由于政府的统购政策，婺源县的茶叶生产开始缓慢增长。1976 年达到年产量 2500 吨。在 1978 年家庭联产承包责任制颁布后，茶叶生产增长更加迅猛。1986 年年产已超过历史纪录，达到 4350 吨。

但在 20 世纪 90 年代，由于计划经济体制逐渐被市场经济体制所取代，统购政策的消失使得农民不得不自己寻找市场。对当地的小农户[①]来说，培育和保护市场的成本过高，婺源绿茶的产量和市场价格因此又进入下滑阶段。在 20 世纪 80 年代末，婺源县当地的税收有一半以上来自于茶叶产业。但到了 2004 年，只有不到 7%的当地 GDP 由茶叶产业贡献（吕维新，2001；顾晓红，2005；程红亮，2006；熊吉陵，2007；洪涛和杨艳，2009）。

为了增加农民收入，婺源县政府在 21 世纪初提出通过增加投入和建立产业发展委员会及婺源县茶叶协会等方法来保护和规范当地绿茶产业的种植、加工及市场行为。注册地理标志产品也被认为是在市场上推销婺源绿茶进而提高农民收入的方法之一。因此，在当地政府的申请下，2005 年，婺源绿茶被工商总局认定为证明商标（见图 7-2）；2008 年，质检总局发布 122 号通告，承认“婺源绿茶”是一个地理标志产品；2010 年，“婺源绿茶”作为一个地理标志产品在农业部进行了注册。在一系列的注册过程中，8 个省级“无公害食品　婺源绿茶”和“有机食品　婺源绿茶”标准也于 2006 年得以颁布。但直到今天，婺源绿茶的国家标准也未出现。因此，3 个地理标志框架内的婺源绿茶质量标准及生产规范主要是依据已发布的 8 个省级推荐性标准而设立的。例如，质检总局所采用的“婺源绿茶质量标准”就是 3 个省级“无公害食品　婺源绿茶”的少于 1000 字的简写版（国家质量监督检验检疫总局，2008）。

在当地政府的支持下，婺源绿茶的种植面积、产量和市场价格均有长足提高。2002 年，婺源绿茶的种植面积只有 8800 公顷，产量仅有 4000 吨，价格也只有 27800 元/吨。但到了 2006 年，数字就分别变成了 9180 公顷、5800 吨和 53103 元/吨。2010 年，这一数字更是分别

① 2010 年，婺源县平均茶园面积为 0.51 公顷（江西省统计局和国家统计局江西调查总队，2011）。

图 7-2　婺源绿茶证明商标

高达 11000 公顷、8200 吨和 103659 元/吨。本地农民收入也在同期得到了长足的增长（见图 7-3）。2005 年，本地农民收入中只有 520 元（占农民总收入的 15.47%）来自于茶叶产业。而到了 2010 年，这一数字已增长至 144%，达 1250 元（占农民总收入的 23.68%）。如今，85%的婺源当地农民已经参与到茶叶产业的生产、加工及销售行为中。

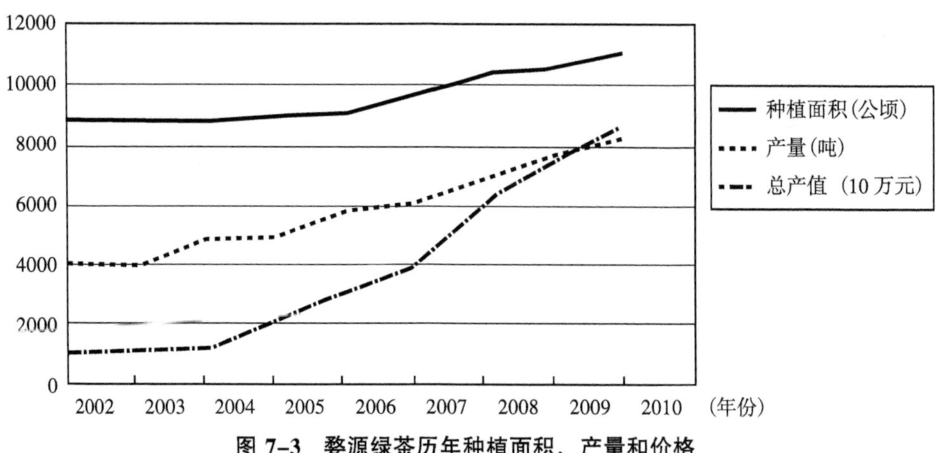

图 7-3　婺源绿茶历年种植面积、产量和价格

资料来源：当地政府未出版数据。

婺源绿茶包括两个主要品种。一是名优茶，其由茶树嫩芽加上旁边 1~3 片嫩叶精心制作而成。由于产量偏低（2010 年婺源绿茶产量的 16.1%为名优茶）而且口感极好，其在市场上的售价较高（数百至数万元/千克。具体价格依据品质而定）。二是精制茶，其由一般的茶树树

叶精制而成。由于产量较高（2010 年婺源绿茶产量的 83.9%为精制茶）且口感一般，其市场售价一般低于 100 元/千克，如图 7-4 所示。

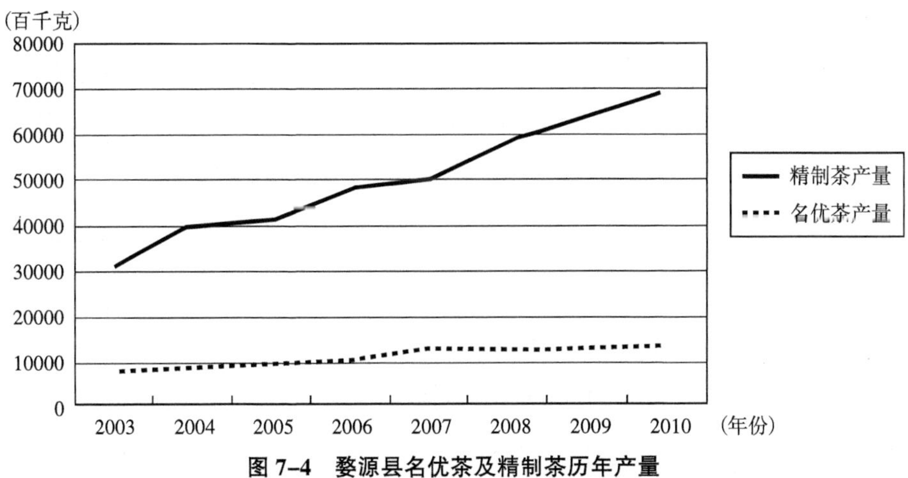

图 7-4 婺源县名优茶及精制茶历年产量

资料来源：当地政府未出版数据。

实际上，婺源市场上精制茶的价格从 20 世纪 80 年代末起都没有什么变化。Yan（2007）的研究显示，1987 年婺源地区精制茶的价格为 8.8 元/千克。20 年后的 2006 年，婺源地区精制茶的价格也仅仅上升了 14%达到 10 元/千克。与同期市场上猪肉的涨幅超过 10 倍相比，婺源地区精制茶的价格过于稳定。因此，在经过细致的市场调研之后，当地政府决定采用"有机战略"来提升市场上婺源绿茶精制茶的价格。在 2006 年发布了 5 项"有机食品 婺源绿茶"省级标准之后，当地政府开始通过提供补贴的方式鼓励当地茶农采用这些标准。在补贴和相对较高的市场售价（与非有机精制茶相比，有机精制茶的价格高出 50%以上）的刺激之下，婺源县有机茶的产量飙升，从 2005 年的 1800 吨升至 2010 年的 3100 吨。而其产值增长更甚，从 2005 年的 4000 万元升至 2010 年的 1.05 亿元。

与赣南脐橙和南丰蜜橘不同，茶叶鲜叶必须在加工之后[①] 才能在市

① 名优茶和精制茶加工程序略有不同。

场上销售。由于成本及技术问题，几乎所有的精制茶和绝大部分名优茶都经由机械加工。只有极少数顶级名优茶通过手工传统方法进行制作。鉴于茶叶鲜叶必须在采摘之后及时加工以保持其色香味，而加工器械的售价也并不低廉，如今婺源县已有100余家加工厂/公司从事机械加工工作。一方面，这些加工厂/公司不仅帮助农民降低了成本（主要是人工成本），而且简化了加工程序（一些茶农缺乏茶叶加工经验，特别是名优茶加工经验）；另一方面，通过机械加工的名优茶总是被一些消费者所抗拒。在“中国茶文化”的影响下，喝手工制作的传统茶被认为可以给饮茶人带来更多的基于茶叶形状、气味、颜色等方面的独特体验。与传统制茶方式相比，现代机械制茶工艺就不甚“高雅”。因此，有一小部分的顶级婺源绿茶名优茶依旧由有经验的制茶农民手工制作，而这部分名优茶在市场上的售价极高。

大部分情况下，婺源绿茶都不由茶农直接销售给最终的消费者，这不仅是消费者过于分散的结果（2009年，中国人年均消费0.76千克茶叶）（管曦和邱彩华，2011；中国统计局，2011），而且受到了当地悠久的经由中间商售卖习俗的影响。因此，中间商在此网络中扮演着重要的角色。实际上，不仅中间商而且包括很多加工厂商也承担着销售制成品的工作。但也应注意到，婺源县绝大部分茶叶加工厂/公司以及销售商的规模都还较小。2010年，大部分的中间商和加工厂商的产值小于50万元，仅仅有35家公司的年收入大于500万元。依据熊吉陵（2007）的研究，小规模的中间商/加工厂商偏好在地理标志的名义下售卖产品是因为市场上婺源绿茶的价格高于同类其他产地的绿茶产品[①]。但是，一些中型或大型中间商/加工厂商则偏向于在他们自有品牌（而非地理标志），如在林生、大鄣山和五龙山等的名义下售卖产

① 例如，2010年，婺源绿茶市场均价为103.66元/千克。而婺源邻县浮梁所产茶叶平均价格只有58.47元/千克（当地政府未出版数据）。

品，主要原因在于市场上小规模的中间商/加工厂商生产的婺源绿茶品质特性十分不稳定。这些小规模的中间商/加工厂商于是被指责只基于他们自己的利润而非整个产业的考量来生产和销售婺源绿茶。

通过上述数据可知，婺源绿茶网络中主要行动者是当地政府、茶农、加工厂商和中间商。因此，他们将作为主要样本被访谈以便于揭示婺源绿茶的质量形成过程以及地理标志体系在质量方面的影响。与前两个案例相似，由于2010年网络中仅仅有12%的年产值是通过6家出口厂商由国外市场贡献的，而且出口厂商面对的是当地质监局的特殊质量标准（与国内标准不同），本案例只针对国内市场进行研究和分析。

第二节 样本概况

5位本地政府工作人员、3位农民、3位加工厂商和3位中间商最终被确立为本次研究的样本在婺源县被一一访谈，如表7-1所示。

表7-1 婺源绿茶网络中被访谈者的个人特征

被访谈者	个人特征
政府工作人员A	来自于平原地区的一个村庄
政府工作人员B	当地茶叶局领导，负责管理整个婺源绿茶网络
政府工作人员C	当地茶叶局的一位技术人员，参加过地理标志申请工作
政府工作人员D	来自于当地质监局
政府工作人员E	来自于当地农业部门，参与过婺源绿茶省级标准的编撰工作
农民A	来自于山区，售卖所产鲜叶给合同制加工厂商，仅具初中学历
农民B	来自于一个具有种植绿茶完美自然条件的村庄，租用机械加工精制茶同时手工加工名优茶，仅具初中学历
农民C	来自于平原地区，售卖自己所产鲜叶给合同制加工厂商，仅具小学学历
加工商A	管理一个年产绿茶产品超过7000吨的以自有品牌售卖产品的大型加工公司，此公司通过与茶农签订合同的方式收购鲜叶并将最终产品售卖给茶饮料生产公司

续表

被访谈者	个人特征
加工商 B	服务于一个年产 20 吨有机绿茶的加工厂商，此公司通过与茶农签订合同的方式收购鲜叶并将最终产品以自有品牌售卖
加工商 C	管理一个不仅加工茶叶而且有自己的店铺的加工和零售厂商，此厂商通过与茶农签订合同的方式收购鲜叶，年加工和销售的约 2000 吨茶叶以自有品牌在零售市场上售卖
中间商 A	批发商销售名优茶，没有自己的店铺，以“婺源绿茶”的名义售卖产品
中间商 B	从当地茶农和加工厂商手中收购婺源绿茶（名优茶以及精制茶），是批发商亦为零售商，以“婺源绿茶”的名义售卖产品
中间商 C	从当地茶农手中收购婺源绿茶（名优茶以及精制茶），在江西省境内拥有数个零售店铺，以“婺源绿茶”的名义售卖产品

第一位被访谈的政府工作人员来自于平原地区的一个村庄。在婺源县，因为高品质高价格的绿茶产品仅仅产自具有特殊自然环境的山区，平原地区的农民很少依赖于茶叶的生产。故此，此位政府工作人员所在村庄产茶量不大。另两位政府工作人员则来自当地茶叶局。一位是当地茶叶局领导，而另一位则是参与了所有 3 次地理标志框架申请工作的技术人员。最后两位政府工作人员则服务于本地的质监局和农业部门。来自于农业部门的被访谈者是婺源绿茶省级标准的撰写者之一。

政府工作人员和加工厂商推荐了很多位农民参与此次调研。但由于冬季并不是适合进入山区的季节，最终仅有两位来自于山区和一位来自于平原地区的农民被访谈。第一位来自于山区的被访谈农民有 0.3 公顷的林地以种植茶叶。他所有的产品，大约 500~600 千克新鲜有机茶叶都销售给合同加工商。第二位被访谈的农民也来自于山区。他所在的村庄被大部分人认为具有完美的生产茶叶的自然环境。这位农民租用机械加工精制茶，同时手工加工名优茶并最终销售给中间商。他的年产量约为 250 千克（4 千克鲜茶可加工出 1 千克可供销售的茶叶）。最后一位被访谈农民来自于平原地区。他的 0.3 公顷茶园的出产（约 400~500 千克鲜茶）都销售给合同加工商。在婺源县，由于地少人多，农民所拥有的茶园面积一般都较小（政府工作人员 B）。因此，并

没有拥有大规模茶园的农户被访谈。

所有的被访谈加工厂商都是政府工作人员推荐的中到大型加工厂商。不访谈小型加工厂商的缘由在于小型加工厂商通常仅仅提供半自动的老旧加工设备给农民自己加工鲜茶。在付出一定费用之后，单个的农民依旧需要自己控制加工过程。换句话说，中小型加工厂商只提供设备而不介入到具体的质量形成过程之中，因此他们对质量的影响极其有限。第一位被访谈者是一家大型加工公司的经理。这家大型加工公司是一个与当地农民有合作关系的合同制加工公司，每年加工量约为 30 万吨鲜茶。其加工后价值数亿元的约 7000 吨茶叶被售往茶饮料生产公司。第二位被访谈者服务于一家加工有机茶叶的加工厂商已有 15 年。这个加工厂年产 20 吨有机茶，年产值约为 200 万元，而生产的茶叶则被售往批发商市场。第三位被访谈者服务于一家不仅加工而且零售茶叶的大型加工和销售公司。这家公司的年产量为 2000 吨而产值则为 1 亿元左右。所有这些加工厂商都与当地茶农签订收购合同以收购茶叶鲜叶，并且都在自有品牌而非地理标志的名义下售卖产品。

3 位中间商由政府工作人员和农民介绍而来。第一位中间商致力于收购婺源绿茶中的名优茶，随后销往浙江省的零售市场。他的年销售量约为 500 千克，年销售额则约为 30 万元。第二位中间商从当地茶农和加工厂商手中收购婺源绿茶（名优茶以及精制茶），然后将这些茶叶销往湖南省和湖北省。他在婺源县有一个店面，年销售额约为 100 万元。第三位被访谈的中间商是位零售商。他在江西省境内拥有数个零售店铺。每年，他从当地茶农手中购买约 500 千克绿茶（名优茶以及精制茶）在自己的店铺中销售。所有被访谈的中间商都在“婺源绿茶”的名义下销售他们的产品，因为“婺源绿茶”的市场售价较高。

根据半结构访谈的提纲，每个被访谈者都被要求回答至少 20 个有关网络中质量衡量标准，政治、社会和经济环境在质量形成过程中的影响，以及地理标志相关法令/法规/条例对于生产行为影响三方面的问题。所有的被访谈者都乐于与研究者讨论这些问题，进而提供了大量数据以供研究。

第三节　权力关系下的质量形成过程

与前两章相似，基于理论框架，影响生产决策和最终质量的各主要行动者之间的权力关系可从四个方面进行剖析：政府在质量形成过程中的影响；各类组织在质量形成过程中的影响；各类经济关系在质量形成过程中的影响；其他因素对质量的影响（见图 7-5）。同时，基于本书第四章对数据来源的分析，不仅是通过访谈取得的一手数据，而且包括来源于出版物、网络和个人关系的二手数据也会在数据分析中被使用，以便于提高结论的正确性和可信度。

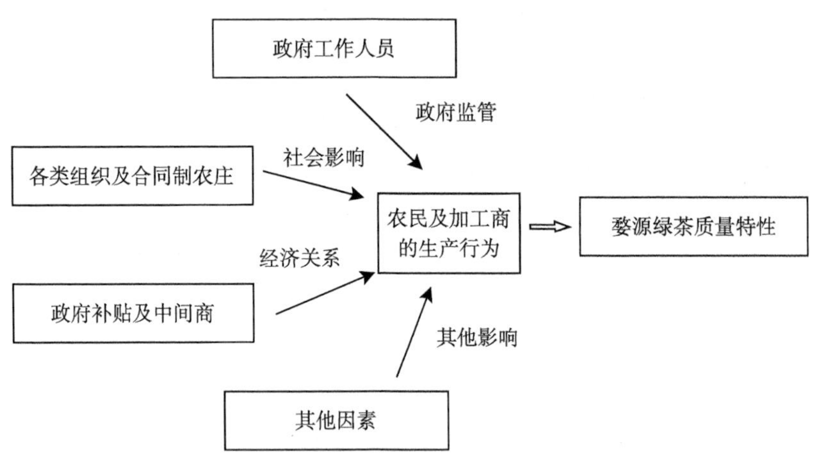

图 7-5　婺源绿茶案例中基于权力关系的分析结构

一、政府在质量形成过程中的影响

基于众多的食品质量法律和法规（如《产品质量法》、《食品安全法》

等)，3 个地理标志框架颁布的质量标准以及 8 个省级标准，当地政府对婺源绿茶生产过程和质量实施监管。然而，在本次调研中，除了《食品安全法》之外，这些法律、法规及标准的具体条款在农民中却少为人知。而《食品安全法》的一些条款为农民所知是因为，“当地政府工作人员在村布告栏上粘贴了通知，告诉农民什么农药不能在茶叶的种植过程中被使用”(农民 A)。这种情况的产生主要基于两点原因。

首先，鉴于自然环境所展现的对茶叶质量的巨大影响、依赖于当地数千年口耳相传的种植经验并受限于自身的低学历层次，当地农民对政府组织的各类培训持怀疑态度进而拒绝参加。他们主要依靠自己的经验来种植茶树。就像农民 A 所说，“如果这些法律、法规、标志和规范有用的话，早就被我们采用了。高品质的茶叶在市场上能卖很高的价格。我的茶园在平地，和山区出产的茶叶相比，我的茶叶品质肯定偏低。质量和种植方法无关”。而农民 B 也声称“我从不参加培训，也不知道什么法律法规。我种植茶树 20 多年了，我比大部分所谓专家都有经验”。

其次，较低的政府监管力度也降低了农民对法律、法规、标准和规范的熟悉程度。被调查农民都指出，他们生产的茶叶产品在过去 10 年中从未被政府所检验，就如农民 C 解释道，“ 1990 年前，我的茶叶经常被政府抽检。但是现在政府对茶叶不再统购统销了，他们也不再对我的茶叶进行抽检了”。政府职员对这种情况的解释是，“缺少检查人员”以及难以基于单个农民的小产量对其进行处罚。就如政府工作人员 B 所述，“对于单个农民，特别是对自己生产并加工茶叶的茶农而言，我必须承认这些法律和标准对他们的影响甚微。对于政府来说，规范公司（如加工厂商和中间商）的行为远远比规范单个的农民简单。即使农民违背了相关的法律、法规和标准，也没有什么惩罚对他们有效。政府什么也做不了……一般来说，他们比较贫困，所以政府不可能对他们加以罚款。同时，根据相关法律，由于他们的生产量很小，也不可能把他们投入监狱”。因为农民的种植和加工行为难以被政府所约束，被禁止使用的化学药品和除草剂就有可能在茶树的种植过程中被使用，而卫生方面也有可能在加工过程中被农民所忽视。比如，单个农民经常会通过租用小型加工设备的方式来加工他们的茶叶产品。即使这些小型加工厂的卫生问题值得关注（如工厂内的通风问题和露天晾晒的问题等），也没有任何被访谈农民认为这值得考虑，因为“很多年来，农民都是这样加工茶叶的”（农民 A）。同时，即使“政府对农民的种植和加工行为没有什么特殊要求”（政府工作人员 D），对于大加工厂商以及经销商来说，政府对其产品的质量检查还是较为频繁的。政府工作人员 B 指出，“我所属部门关注于检查加工商及经销商而非农民所产婺源绿茶的质量。一般来说，我部门每年 3~9 月会去工厂及市场检查 5~6 次，一年中其余的时间大概会检查 1~2 次”。政府工作人员认为，由于“仅仅有极少量的农民直接售卖他们的茶叶给最终消费者”（政府工作人员 E），检查加工厂商及经销商在市场上出售的产品就能有效地保证市场上婺源绿茶的产品质量。在政府的频繁检查压力之下，“大加工厂商和经销商必须保证他们的产品达到相关的质量要求，否则，他们就会被‘勒令停工’或‘罚款’”（政府工作人员D）。因此，被访谈的加工商对相关法律法规[①] 十分熟悉。他们声称，“所有我公司的标准都是在国家强制性法律法规的基础上制定的”（加工商 A）。但是，由于“国家在食品安全方面的标准过低”（加工商A）以及“所面对的客户对于有机茶叶的要求比政府强制性法律法规更高”（加工商 B），国家强制性法律法规被认为只对茶叶加工过程有着极其微小的影响，尤其是与市场上购买者的要求相比。相对于加工厂商来说，中间商的情况则较为复杂。虽然因为“如果我所售卖的茶叶中的农药含量超标，我将会被要求付出一大笔罚款”（中间商 C），中间商也对

① 强制性法律法规总是关注食品卫生及安全方面。

国家强制性法律法规十分了解，但被访谈者也指出，政府对于中间商的监管力度远远小于加工厂商。与声称“政府工作人员每年会到我工厂检查 2~3 次”的加工商 B 相比，中间商 A 指出，他所销售的产品从未被政府工作人员检查过。另外两位中间商也承认他们的产品最多每年被检查 1 次。加工商 C（他同时也是零售商）也抱怨政府在中间商环节薄弱的检查力度。他指出“虽然政府人员会在市场上购买茶叶去检验，但是由于政府人员的人数较少，经销商们对于他们的面孔都十分熟悉。故而，一般都会把品质较好的茶叶给他们检查”。

在强制性法律法规之外，所有以“婺源绿茶”名义销售的产品应该符合国家核定的相应的地理标志产品标准。但除了少数被访谈者之外，大部分被访谈者对于国家核定的“婺源绿茶”标准没有印象。究其原因，很关键的一点是国家核定的相关标准“过于简单”（政府工作人员 C）。以质检总局核发的婺源绿茶质量技术要求为例，全文不到1000 字，涉及茶叶品种、立地条件、茶树栽培、鲜叶采摘、加工和质量特色（分级指标、理化指标和安全要求）等部分。由于字数过少，包含在这 1000 字中的信息也并不详尽和准确。比如，其所述鲜叶采摘要求是，“根据茶树生长特性和成品茶对加工原料的要求，遵循采留结合、量质兼顾和因树制宜的原则，按标准适时采摘一芽、一芽一叶、一芽二叶、一芽三叶”。但根据省级“无公害食品　婺源绿茶”和“有机食品　婺源绿茶”标准，叶片也能单独采摘以制成“无公害食品　婺源绿茶”和“有机食品　婺源绿茶”。而其对于安全方面的要求则是“产品安全指标必须达到国家对同类产品的相关规定”，但“同类产品”的含义并未明确。不详尽和准确的描述造成的结果是“对于政府检验人员来说，婺源绿茶无法与周边县所产绿茶完全区分”（政府工作人员 C）。政府工作人员解释这些“过于简单”的标准出台的主要原因是，当地政府是基于经济回报的刺激来申请地理标志的，申请人员期望婺源生产的所有茶叶都能符合相关标准。当然，婺源县薄弱的技术研究基础也是标准过于简单的原因之一。政府工作人员 D 声称，地理标志申请时的相关标准主要是依据“当地农民和加工商的经验”而非科学实验的结果进行制定。参与申报工作的政府工作人员 C 也解释到，“只有有限的几个方面，如水分和灰分的含量，能够在县实验室被测出。而更重要的、能用来进行茶叶分级的质量特性依旧只能靠经验而非实验室划分”。

通过上述资料可以很明显地看出，在政府的监管下，由大加工厂商生产的绿茶产品的安全性能够得到保证。但也应注意到，政府的质量监管工作在当地茶农及中间商层面仍然十分薄弱。茶农的生产行为几乎不受政府监管，而政府对中间商的样品抽查工作仍需加强。故此，由茶农自己生产、加工并由中间商售往市场的茶叶安全性堪忧。同时，因为“婺源绿茶”相关标准较低且并不详尽，政府工作人员依照地理标志标准来规范生产行为进而保证相应质量特性的能力也值得质疑。大部分受访者因此相信地理标志是一种市场营销手段而非证明商标。

二、相关组织在质量形成过程中的影响

从理论上讲，地理标志产品的质量能够被地理标志所有者/组织通过地理标志的颁发程序加以保障。但是，基于过于简单标准和不科学的样本选择方法，在婺源绿茶产业中，地理标志所有者/组织在质量方面的影响极小。

2005 年开始，多个政府资助的组织为了申请证明商标/地理标志而成立[①]。

① 根据中国 3 个地理标志框架的规定，地理标志的申请者必须是团体、协会、企业、农民专业合作经济组织等。

第一个是成立于 2005 年的“婺源县茶叶协会”[1]。这个协会最初由 21 人组成（3 个政府工作人员、16 个加工商和经销商、1 个技术人员和 1 个来自于当地茶叶学校的老师），办公地址位于婺源县茶叶局内并由协会中的政府职员所管理。其主要职责是，“在市场上保护‘婺源绿茶’所应享有的一切法律权益（如防止假冒伪劣产品的出现等），帮助本地政府管理婺源绿茶网络，为当地政府和协会成员收集相关信息，加强成员间的联系，在相关标准的撰写和发行的过程中提供帮助，以及帮助成员规范其自身的生产和经销行为”（政府工作人员 B）。根据这个协会 2005 年所发布的《“婺源绿茶”证明商标使用管理规则》，婺源县茶业协会应自收到申请人提交的申请书 60 天内进行实地考察并完成对产品的产地及 15 项理化指标（水分、浸出物、总灰分等）的审核。如果产地符合要求，“茶叶洁净，不含夹杂物，无烟、焦等异味，无劣变，无红梗红蒂。干茶色泽翠绿，香气持久纯正，滋味鲜醇耐冲泡，汤色碧绿清澈，叶底嫩绿柔软”，并经过“杀青—揉捻—干燥”三道工序，申请者就能在签订《证明商标使用许可合同书》并交纳管理费的前提下使用证明商标 3 年。但由于所有检验 15 项指标基本基于国家绿茶标准（如水分、水浸出物、水溶性灰分、粗纤维等），并且未明确样本抽取方法（据加工商 C 与中间商 C 讲述，样品由申请者提供），所有的申请者都能比较容易地取得证明商标的使用权。

第二个由当地政府资助，为了申请质检总局地理标志而成立的组织是“茶叶产业中心”。但在实际操作中，即使这个中心是地理标志的申请者，最终地理标志的核发部门却是 2009 年成立的，由政府工作人员组成并隶属于当地茶叶局管理的“婺源绿茶地理标志保护和管理委员会”。此委员会的主要职责是“管理和推销‘婺源绿茶’这一地理标

① “婺源县茶叶协会”中的政府工作人员为县茶叶局管理这个协会。因此，政府工作人员 B 描述此协会是“县茶叶局的下属机构”。

志，促进各项省级标准在网络中的施行，对产品的包装提出建议，以及响应政府的要求”（政府工作人员 B）。依据此委员会发布的《婺源绿茶地理标志产品保护专用标志使用管理办法》，申请使用者必须是公司而非个人。他们应先递交申请表格、申请说明书、申请者相关证明（如营业执照等）、政府部门签发的关于茶叶产地的证明、产品质量检测报告（质检总局发布的婺源绿茶标准十分简单，少于 1000 字）、预估年产量和销售量以及依照委员会要求管理地理标志的声明，在和委员会签订相关地理标志使用合同并缴纳管理费的前提下，申请者能够取得为期 1 年的地理标志使用权。由于证明商标出现较早，而且质检总局的地理标志申请材料繁复于工商部门的证明商标，所有被访谈的地理标志使用者都倾向于申请证明商标而非地理标志。

第三个为申请农业部地理标志而成立的组织是“婺源县茶叶技术推广中心”。这个中心依然是在当地茶叶局的管理下运作。根据参与了三个地理标志框架申请工作的政府工作人员 C 的描述，当地政府“被迫”参与了第三个地理标志框架的申请工作，“工商总局和质检总局要求一定的申请费用……2009 年，农业部开始设立另一个地理标志框架并要求我局进行注册。虽然这次的注册并不要求上缴注册费，我局仍然相信这是毫无作用和意义的一次注册行为。在婺源县，大部分公司已经偏向于使用工商总局颁布的证明商标而非质检总局颁发的地理标志。现在更不可能要求他们使用第三种地理标志标签……但是上级主管部门来电要求我局参与”。由于农业部的地理标志框架体系并未在当地引起重视且批复时间较晚（2010 年），截至调研结束，尚未有详细管理规范出台。

基于过分简单的标准和不明确的样品抽取程序，婺源县茶叶协会在规范网络内的生产行为以及确保产品质量方面的作用十分薄弱。同时，由于不是很多农民及商户使用另外两个地理标志标签，婺源绿茶地理标志保护和管理委员会以及婺源县茶叶技术推广中心对于婺源绿茶质量方面的影响也极其有限。这 3 个组织都很难通过地理标志的颁发程序对婺源绿茶质量进行监测。

同时，由于直至 2006 年的《中华人民共和国农民专业合作社法》出台，中国农民才被鼓励进行合作，面对网络中大量的中间商，有能力自我加工茶叶（手工或租赁机械制茶）的当地茶农没有任何动力联合起来组成合作社。直到前几年中大型加工厂商出现在网络中，这一情况才有所改变。与政府成立的各类合作组织相比，在合同中物质鼓励和当地习俗的影响下，加工厂商在绿茶的种植行为及质量特性方面的影响不容忽视。

根据被调研者的描述，"合同制农庄"在婺源县运作得很好，因为加工厂商需要大量的茶叶鲜叶，而对于茶农来说，单独加工和售卖的成本过高（特别是对于量大价低的精制茶来说）。但在婺源县，"合同制农庄"的双方一般是加工厂商和各行政村而非单个茶农。从农户方面来看，由于当地悠久的合作历史，茶农相信联合起来进行谈判会得到更优惠的合同条款（农民 A）。从厂商方面看，加工企业也愿意和一村而非单个农民讨论合同具体条款。这不仅大大简化了合同的签署过程而且合同的执行也能依靠本地的特殊习俗加以保证（加工商 B）。在婺源县，由于村庄总是由同姓人家构成（如戴家村等），村长作为一村之长不仅能够代替村中的茶农传达意见，而且能够劝说单个茶农同意合同的条款。这大大简化了合同的谈判和签署过程。同时，基于从新中国成立前就开始的合作历史，合同中的条款也能被农户自觉地加以执行。就像加工商 A 说道，"我公司每年和数个村签署购买合同，并在合同中指明什么样的茶叶鲜叶是符合我公司标准的。如果签订合同的村民违反合同条款并出售'低质量'的茶叶鲜叶给我公司，他将不仅要承担违约责任，更会受到其余村民的指责和孤立。合同和当地习俗一起共同保证合同条款的执行并最终保证加工厂原材料的质量"。签订合同的茶农也承认他们的种植行为会受到合同和当地习俗的共同制约。首先，茶叶的口感能够被当地习俗所保证。比如，在茶树的种植过程中应施加有机肥而非化肥，因为化肥会使得茶叶的口感变“淡”。但是，由于化肥的成本较低，而在加工之前鲜叶的口感又无从判断，很多当地农民愿意使用化肥而非有机肥来培育他们的茶树。当加工厂商不可能经常下到田间地头检查农民所使用肥料种类时，习俗就在限制化肥的施用中起了关键性的作用。所有被访谈的合同制茶农都承认他们从不使用化肥否则就会被他们的邻居所责怪。政府工作人员 A 解释道，“如果农民使用化肥来增加产出并被他的同村邻居们发现，他们就会责怪这户农民。当地的农民总是为与加工厂商之间长久而稳定的关系而自豪。这种关系给农民带来了较高的收入。而施加化肥的行为则被认为将破坏这种友好的关系而不被接受（基于合同条款，施加化肥被认为是破坏合同条款的行为）”。其次，鲜茶叶的外形也能被合同所保证。新鲜茶叶的外形总是与采摘者的经验和投入有关。比如，农民可以选择机械采摘或是手工采摘鲜叶。虽然手工采摘费时较多，但是这种方法采摘的鲜叶外形总是优于机械采摘（机械采摘的鲜叶总是完整鲜叶、细枝和破碎鲜叶的混合体）。由于鲜叶的外形很容易被直观地分辨，鲜叶的等级标准及相应价格就很容易在合同中予以规定。在物质利益的驱动下，农民会很仔细地计算投入和产出。而通过改变相应合同条款，加工厂商总是能获得他们想要的鲜叶品种。最后，消费者较难判断的茶叶安全也能在“合同制农庄”中，通过合同和当地习俗的双重作用而得到确保。在茶叶市场中，鲜叶的安全问题主要与化学药品（如农药和除草剂等）的施用有关。为了保证鲜叶中农药的低残留，加工厂商设立了严格的检验程序来检验从茶农手中收购来的鲜叶。如果鲜叶能够通过严格的检验并达到相应高标准，农户将得到相当于鲜叶售价 30%~50%的额外的收益。如政府工作人员 E 所述，“很多村庄都与加工厂商签订了合同。合同条款规范了农民的种植行为且指出了最后农民销售给加工厂商的鲜叶应该达到的质量标准。如果一个农民的鲜叶能够通过所有的严格检验并被证明达到了有机的标准，一般加工厂商都会提供 30%~50%的额外收益给这个农民。合同不仅保证了加工商得到高质量鲜叶的权利，也使得当地茶农得到了较高收入”。除了用额外收益促使农户合理使用（或不使用）农药外，当地的习俗也对农药的使用具有限制作用。如果一个合同茶农违反合同售卖含有超标农药的鲜叶给加工商，他将不仅“受到邻居的指责”（加工厂商 A）而且“很多村民福利，如村中红利等也会被取消”（农民 A）。因此，即使农民 C 知道农药的使用将增加他的产出，他也声称只能在加工厂商技术员的指导下每年施用 1~2 次农药。

很明显，与政府支持的各类组织相比，根植于当地习俗中的“合同制农庄”对质量的影响更大。当地农民已经意识到，如果他们想与提供高收购价的加工厂商保持长期稳定的关系，他们就必须依照合同规范他们自己的种植行为。因此，在婺源绿茶的网络中，合同制农庄是极好的保证绿茶质量的方式。但是，所有的三位被访谈的加工厂商经理都指出“婺源绿茶”相关标准过低。为了规避市场风险，凸显较高的产品质量，此类加工厂商更倾向于使用自己的商标而非地理标志售卖产品。这样一来，地理标志体系在此网络中对于质量的影响仍较微小。

三、经济关系在质量形成过程中的影响

为了提高婺源绿茶市场价格以增加农民收入，当地政府致力于推行一系列提高产品质量的措施并加大了对市场营销的投入。如政府工作人员 B 所介绍的那样，“对于当地农民来说，婺源绿茶是一个传统的农作物。在过去的几年里，县政府每年在婺源绿茶产业方面的投入达到了上千万元。这部分投入不仅在推销婺源绿茶这一品牌方面（如电视广告、展销会等），而且有很大一部分放在提高整个婺源绿茶的品质方面。农民能从政府手中免费获得由政府自己的种苗中心培育的高品

质茶树种苗。如果农民同意按照省级标准建立或是改造他们的茶园，他们还能获得额外的补助。补助额大约是每公顷 6000~10050 元”。

这些质量提升工程对于农民的种植行为有很大影响，因为农民不仅能从政府手中获得免费的种苗和一定的补贴，而且能够通过更换茶树品种（增加产量）和茶园改造（生产高品质有机绿茶）从市场中获取更高的收入。就如农民 C 所说，“在我所在村庄中的所有农民都更换了茶树品种。由政府提供的种苗不仅是免费的而且能够比老品种产出更多的鲜叶”。中间商 C 也指出，“提升茶园等级主要通过使用有机肥和控制植株密度。这两方面都是生产有机绿茶的关键。鉴于有机绿茶在市场上的高售价，面对政府提供的补贴，大部分农民都愿意按照政府要求重建他们的茶园”。

提高的产品质量（通过改变茶树品种和升级茶园）与有效的市场营销相结合使得婺源绿茶的市场价格“比相邻县的类似产品至少高出 10%~20%”（中间商 B）。当地农民从绿茶产业中获得的收入也因此在 2005~2010 年增长了 140%多，从 520 元/年增至 1250 元/年。然而，依据未出版的政府数据，当地农民仅仅保留了 2010 年婺源绿茶总产值的 28.82%，加工厂商拿走了 49.41%，而中间商则占有了剩余的 21.76%。由于绿茶产品不适合一对一的单独售卖的形式，依靠丰富的市场经验，加工厂商和中间商建立了他们自己的质量标准，强迫农民接受它们，并最终获得了远远高于茶农的收入。

所有的加工厂商都依照他们的客户需求制定了独特的质量标准。他们解释道，“我的客户在绿茶的质量方面有着特殊要求。口味、香气、外形、成分和安全等方面皆有需求”（加工商 A），而且“在自有品牌下，我公司必须按照顾客的质量偏好去生产和加工绿茶以便于能在市场上卖出高价”（加工商 B）。在网络中，这些客户的需求不仅向上游通过合同的方式传导给农户而且对加工厂商的加工行为也有一定的限制。就如加工厂商 A 所述，“省级标准中提到的相关质量标准过于简单。我的客户有着比省级标准严格得多的质量要求。我公司必须按照客户的要求来加工茶叶……客户购买我公司产品的原因是我公司的产品能够满足他们的需要。所以，保证产品质量是提高市场份额和得到高额回报的唯一方式……为了保证稳定的质量（特性），我公司购买了全自动的加工机器……虽然这些机器很贵，但是他们是（满足客户需要的）必需品"。

除了加工商，中间商也根据他们灵通的市场信息设立了特殊的质量标准，这对农民的生产和加工行为造成了一定的影响。举例来说，即使农民 B 喜欢喝老品种的茶树鲜叶制作而成的绿茶（口味更重），他在茶园中种植的也是新品种茶树。究其原因，主要是新品种的春茶产量更高。但也应该注意到，由于面对的客户群体不同，中间商只关注茶叶质量特性中的口味和外形部分而不包括加工商关注的不易察觉的食品安全和卫生方面的指标。中间商对此的解释是，"单个的消费者喜欢购买好口味和好外形的茶叶"（中间商 A），但是，"对于他们来说，对茶叶的安全和卫生进行细致的检查几乎是不可能的"（中间商 C）。因此，对于非合同制的茶农来说，为了提高经济收益，化肥、除草剂和农药这些可以增加产量的农资都是可以使用的，小加工厂的卫生问题也是可以忽略的。比如，在仔细衡量了投入成本和可能的未来收益之后，农民 B 决定使用化肥、除草剂和少量的农药种植他的茶树。他说，"我种茶树的方法很简单。由于多雨的气候，我不需要灌溉我的茶树。但是，我用化肥来提高我的产量……因为使用化肥的成本较低，我身边的农民都使用化肥……使用少量化肥对口味影响不大，中间商也发现不了……农药是必须使用的，不然产量就难以保证……我也不知道我用了什么农药，小卖铺的老板推荐的……我每年大概使用 4 次左右。当我觉得应该用的时候，我就用它们"。在中间商"购买力"的影响之下，农民还开始使用符合中间商偏好的方法来采摘和加工茶叶。比如，茶树嫩芽被很仔细地采摘，因为高品质毛尖的售价能够超过

1000 元/千克。为了取得更高的收入，依照中间商的偏好，农民甚至把嫩芽分成“芽，一芽一叶，一芽两叶，一芽三叶”（中间商 C）再进行加工。相应的，由于精制茶的价格一般都低于 100 元/千克，仔细的分拣就变成“毫无意义”的事情（农民 B）。农民 B 还进一步解释说，“我村里有个 20 世纪 90 年代之前政府设立的茶叶加工厂。如今，如果村里的茶农想用这些机器加工茶叶，他们就要付一定的费用……手工加工精制茶是不可能的，因为精制茶的价格低。手工加工 0.5 千克精制茶需要好几个小时，（与售价相比）人工费用都赚不回”。

通过提供免费的茶树种苗和一定的补贴，当地政府在相关省级标准的基础上对婺源绿茶品质施加的影响不可忽略。同时，基于一定的市场信息和强大的购买力，中间商和加工厂商也通过制定独特质量标准的方式对生产行为以至质量产生了重大的影响。由此可见，婺源绿茶的质量在很大程度上被不同行动者之间的经济关系所影响。

四、其他关系在质量形成过程中的影响

所有的被访谈者都指出，在研究婺源绿茶质量时，自然因素的影响不能被忽略。来自于山区的绿茶在外形、颜色、口味和安全（农药施用量）方面都优于平原地区的绿茶产品。农民 A 认为“山区和平原的气候不同”，政府工作人员 A 则认为“土壤中特殊成分含量不同”，而加工商 B 却指出造成这种现象的原因是“山区的生态环境优势（导致农药使用量减少等)”。即使“绿茶的质量不仅被当地的自然环境所影响，还取决于种植和加工行为”（中间商 B），自然因素对质量的影响仍随处可见。因此，加工商和中间商总是付出比平原地区茶叶更高的价格购买山茶。这也导致平原地区的茶农“没有兴趣很仔细地打理他们的茶园”（政府工作人员 A）。

同时，茶农的低学历层次也在一定程度上影响了婺源绿茶的生产行为以及质量。比如，茶农忽视茶叶安全和卫生方面的原因不仅在于

薄弱的政府监管和中间商的质量标准，而且在于低学历层次导致的对安全和卫生问题的不重视。就像中间商 C 指出的，“农民相信所有的细菌能够被用来冲茶的开水杀死……他们很难转变这个观念”。农民 C 也指出，“所有的农药都能被加工过程中产生的蒸汽所蒸发，我使用的农药不会产生安全问题”。但是，Sood 等（2004）的研究却显示，不是所有的农药都能在加工过程中被挥发，“不同农药的残留水平并不一致”。由于低学历导致的错误观念使得安全和卫生问题很难被农民主动关注。

婺源绿茶的质量也部分取决于加工者的经验。比如，手工加工的名优茶不仅需要传统的工具制作，还需要丰富的经验控制时间和温度。农民 B 描述道，“手工制茶总是优于机械制茶。早上采摘的鲜叶需要和晚上采摘的鲜叶在不同的温度下被处理。绿茶有自己的生命，只有有经验的人才知道应该如何处理它们。这是机械所不能做到的”。这些农民所拥有的加工经验是一种重要的历史遗产。这也是为什么有些高品质的手工婺源名优茶能够卖到 4 万元/千克的原因。

自然因素、生产者的受教育程度、个人的加工经验都对婺源绿茶的生产行为以至最终品质有一定的影响。但是，也应注意到，除了前文提到的因素之外，还有一些因素，如政府缺乏对小型加工厂的投入等，对产品质量的影响也不应该被忽视。

第四节　本章小结

婺源绿茶网络中的质量形成过程由于受到较多因素（如名优茶和精制茶之分等）的影响而较为复杂。

根据婺源县茶叶协会发行的《“婺源绿茶”证明商标使用管理规则》以及婺源绿茶地理标志保护和管理委员会发布的《婺源绿茶地理标志产

品保护专用标志使用管理办法》可知，婺源绿茶的质量可以主观的由外形和口感，客观的由物理标准、安全标准、净含量标准和加工步骤等来衡量。然而，被访谈的各行动者却偏好于依赖外形和口感来衡量婺源绿茶质量。仅仅在合同制农庄中，安全问题才受到一定关注。不同的质量判定标准表明了地理标志体系在婺源绿茶网络中质量方面的薄弱影响。

根据所收集的数据，当今婺源绿茶网络中的质量指标主要由加工厂商和中间商基于强大的“购买力”而制定。虽然政府对加工厂的常规性监察、政府对当地农民的补贴、本地联合谈判的习俗、自然条件、农民低学历和加工经验等因素的影响在分析婺源绿茶品质时不可忽略，合同加工商和中间商在生产过程中的巨大影响力仍是决定婺源绿茶质量的主要力量。与加工厂商和中间商相比，地理标志体系的影响微乎其微。

第八章

数据分析

第一节 基于3个案例的数据比较分析

3个案例的分析结果表明，在中国的地理标志体系中研究农产品质量问题并非易事。不同网络之间的不同点太多（见表8-1）。面对社会经济环境中如此大的差异，为了得出可信服的结论，这一章将对3个样本网络中地理标志产品的质量形成过程进行比较分析。为了便于理解，这一章将采取与前三章相同的结构。通过专注于权力关系的政治、组织、经济及其他方面的异同比较，总结出3个案例的一致性与差异性。

表8-1 3个案例的主要差异

地理标志产品	历 史	主要生产者	售卖习俗
赣南脐橙	源自1971年	农民	经由中间商
南丰蜜橘	1300多年前开始种植	农民	个体单独售卖
婺源绿茶	几千年前开始生产	农民和加工厂商	经由中间商和加工厂商

一、政府在质量形成过程中影响的比较分析

表 8-2　3 个案例中政治因素的主要异同点

	赣南脐橙	南丰蜜橘	婺源绿茶
当地政府建立/扩展网络的初衷	保护并增加当地农民收入	增加当地农民收入	增加当地农民收入
地理标志产品标准的主要撰写者	政府工作人员	政府工作人员	政府工作人员
地理标志颁发过程	当地政府做出决定，缺乏对产品质量检查/抽查的过程	当地政府做出决定，缺乏对产品质量检查/抽查的过程	当地政府做出决定，不科学的产品质量检查/抽查程序
对地理标志标准的态度	非强制性	非强制性	强制性但是标准过于“简单”
质量检查频率	很少	很少	仅在大加工厂层面频率较高
参与的地理标志框架	2 个	3 个	3 个

通过比较 3 个案例中的政治因素可以看出，3 个网络中的政治环境不尽相同。地理标志的颁发过程、质量检查频率和所参与的地理标志框架数目皆有差异。然而，根据所收集的数据，3 个网络中，政府依据相关法律、法规和标准对生产行为的微弱影响却出乎意料的一致。例如，由于政府对农民生产行为的检查力度几乎为零，3 个网络中的绝大部分农民都不需要考虑政府强制性法律、法规和标准进行生产。尽管少数几个农民和一些加工厂商以及中间商声称他们的产品曾被政府工作人员检查过，考虑到不科学的样品选取方法和过于“简单”的质量标准，政府的质量检查也并没有对生产行为造成很大影响。

即使专注于地理标志体系，政府基于相应标准在生产行为方面以至质量方面的影响也极为微小。虽然地理标志一向被认为是证明产品符合预先设定的标准的标志，3 个地理标志网络中的生产者在生产过程中却不需要特别关注他们的生产规范问题。主要原因在于地理标志在赣南脐橙和南丰蜜橘网络中的颁发并不经过质量检查这一步骤，而在婺源绿茶网络中，相关标准又过于“基本”以至于所有绿茶产品都

能很顺利地取得地理标志。具有一致性的3个地理标志产品网络中对生产过程和质量过于薄弱的监管应该可以总结为是由中国地理标志体系自身的特点决定的。政府在这3个地理标志网络中扮演了"立法者"、"执法者"和"裁判者"3个角色。首先，地理标志标准的撰写者是当地政府工作人员。其次，颁发地理标志的决定总是由当地政府做出。最后，政府还扮演根据相关标准进行督察的角色。三者合一的角色和前文分析过的欧洲的"PDO"和"PGI"体系以及美国佛罗里达柑橘网络有极大的不同。在欧洲和美国，地理标志标准的提出者总是生产者的合作组织，相关地理标志的申请和颁发总是处于一定的法律体系和/或第三方的监管之下，最后由政府对整个体系进行督察。缺少独立第三方的地理标志体系与当地政府急切提高农民收入的愿望相结合的结果就是政府仅仅将地理标志作为推销产品以提高当地收入的手段。比如，抚州市政府决定扩张南丰蜜橘种植区域至全市各县，因为这可能会使更多的农民受益。而地理标志的本质——保护产于特定区域内具有特殊质量特性的农产品，则不在考虑范围之列。过于"基本"的质量标准和"低质量"的地理标志农产品的出现就变成了3个案例中不可避免的结果。于是，所有的被访谈者相信地理标志仅仅只是一个推销手段，而很多厂商则在网络内开始建立他们自己的品牌以避免可能到来的风险。

二、相关组织在质量形成过程中影响的比较分析

当将注意力放在组织影响方面时（见表8-3），3个案例中很多相似点就能被发现。

表8-3　3个案例中组织因素的主要异同点

	赣南脐橙	南丰蜜橘	婺源绿茶
主要合作组织	赣州脐橙协会	南丰县蜜橘产业协会和南丰蜜橘研究会	婺源县茶叶协会、茶叶产业中心和婺源县茶叶技术推广中心

续表

	赣南脐橙	南丰蜜橘	婺源绿茶
由单个农民组成的合作组织	一些	没有	没有
合同制农庄	难以发现	很少	较多

第一，虽然3个网络中所有的正式合作组织都是基于政府支持为实现不同目的而成立的，但它们中没有任何一个对产品的质量形成过程产生重要影响。它们（包括地理标志所有者）都被当地政府控制，没有任何能力约束其成员行为，并因此被被访谈者形容为“政府分支机构”。

第二，虽然在赣南脐橙网络中有小型的由单个农民组成的合作组织的存在（这是在其他两个网络中没有发现的），但这些小型合作组织对他们成员的约束力却很小。实际上，直到2006年相关法律的出台，农民才被鼓励相互合作。较短的历史使得如何将具有较低学历的农民整合起来以便撰写地理标志标准以及监督网络内不合适的生产行为是一个不可能完成的任务。这也是为何地理标志在3个网络中皆由政府主导的组织所申请，而相关标准也皆由政府工作人员撰写的原因。

然而，尽管有上述两点相似之处，当关注组织在地理标志农产品生产行为以及质量方面的影响时，3个网络却有较大差异，尤其是在合同制农庄方面。合同制农庄通过使用合同的形式迫使农户接受一系列的种植规范进而在农产品质量方面产生了根本性的影响。但3个案例中的数据也显示，基于不同的环境（如信用体系的完善与否及当地的不同习俗等），合同制农庄在质量方面的影响也不尽相同。例如，在赣南脐橙网络中，由于大量的相似产品能够在国内市场上被发现①，中间商为赣南脐橙付出特殊高价的理由便不复存在。相对不甚高的收购价格与不完善的信用体系相结合（农民和收购商都能在不受处罚的情

① 中国很多地区都出产脐橙。其中有很多也是地理标志产品，如秭归脐橙和奉节脐橙等。

况下违反签订的合同条款）使得农民的行为难以受到合同的约束。合同制农庄在赣南脐橙质量方面的影响因此而显得薄弱。相反，独特的自然条件的要求与“缺乏相应的科研能力以保证种苗的特殊质量属性”相结合使得南丰蜜橘的相似农产品难以在市场上被发现。由于中间商愿意为这种特殊的质量特性付出高价，合同制农庄在南丰蜜橘网络中特定地区运作良好（适宜和较适宜种植区域的自然条件与周边迥异，这使得产自这两个区域的蜜橘具有独特的口感）。在婺源绿茶网络中，当地长期的种植历史使得农民认识到依照合同规范进行种植以保证产品质量是维持与愿意付高价收购鲜叶的加工厂商长期合作的前提。故而，种植行为以及质量都能在合同条款下得到确保。

由此可见，3个案例中正式组织在质量方面的影响极小，而合同制农庄的影响程度则随外部环境而定。需要注意的是，在缺乏完善的信用体制的情况下，将合同制农庄中的农民与中间商/加工厂商紧密联系在一起的是他们之间的经济纽带以及当地的习俗，而非法律的威慑力。

三、经济关系在质量形成过程中影响的比较分析

虽然在不同的案例中，地理标志网络对当地经济的贡献并不一致（见表8–4），但数据显示生产者总是基于经济回报而做出生产决策的。换句话说，3个案例中的质量形成过程在很大程度上受到不同行动者之间经济关系的影响。

表8–4　3个案例中经济因素的主要异同点

	赣南脐橙	南丰蜜橘	婺源绿茶
总产量	增长	增长	增长
总产值	增长	增长	增长
市场均价	2004年开始下跌	2007年开始下跌	2005~2010年价格翻番
地理标志网络对当地经济的贡献	2010年贡献了当地政府收入的0.07%	2009年，80%以上的当地农民收入来自于南丰蜜橘网络，贡献了当地GDP的31.79%	2010年，23.68%的当地农民收入来自于婺源绿茶网络，贡献了当地GDP的17.82%

续表

	赣南脐橙	南丰蜜橘	婺源绿茶
政府补贴及银行贷款	提供了补贴及贷款以便于农民购买现代化的种植设备	未提供补贴及贷款（银行拒绝提供）	政府每年投入数百万元以提供免费种苗和支持茶园改造项目

首先，当地政府在生产种植行为方面的影响由他们所能带来的经济利益所决定。例如，在赣南脐橙网络中，当地政府通过提供补贴和银行贷款鼓励农民购买现代化的种植工具。但是，这些现代化种植工具的效用却受制于当地的地形（丘陵地带）和当地农户的规模（大农庄很少）。由于现代化的种植工具很难给农民带来直接的利益，当地政府在生产行为及产品质量方面的影响较小。相反，在婺源绿茶网络中，政府却对农民的种植行为和最终产品质量影响较大。究其原因，主要是政府所采取的免费提供优质种苗和给予茶园改造补贴的行为不仅能够增加茶园产出，而且能够提高茶叶的品质进而给农民带来高收入。由此可见，政府的补贴和贷款可以对产品质量造成影响，但其影响程度却取决于带给农民额外收益的高低。

其次，在相关地理标志框架注册之后，3 个地理标志农产品的市场价格变化各异。从本质上来说，地理标志本身并不会自动给生产者带来高收益。农民依旧要仔细计算他们的投入和未来可能的收入以做出生产决策。拥有一定“购买力”的中间商和加工厂商因此依靠他们自己设立的质量标准成为质量形成过程中“有权力”的行动者。农民被迫接受这些标准以便于在市场上取得高收入。例如，基于中间商制定的质量标准，赣南脐橙网络中的农民不愿意在提升脐橙口感方面做出任何努力，但却主动增加脐橙外形方面的投入以使其产品在市场上能售出高价格。同时，在婺源绿茶网络中，由于中间商对食品安全方面的漠视，与其交易的农民亦不关心他们的产品在安全方面的指标（与合同制农民相反）。

在薄弱的市场监管下，3 个地理标志产品的质量形成过程都被行动

者之间的经济关系所主导。但除了经济关系之外，其他因素（如自然环境因素等）在质量方面的影响也不可忽视。

四、其他关系在质量形成过程中影响的比较分析

地理标志产品的生产过程亦即质量形成过程，也会受到许多其他因素的影响。首先，自然因素在 3 个案例中对质量的影响很大。农民总是依照相应的自然条件做出他们的生产决策。例如，地处适宜与较适宜种植区域的南丰橘农偏向于增加投入以保证他们产品的口感，但地处不适宜地区的橘农却正好相反。主要原因在于，南丰蜜橘口感受自然因素影响较大而人工因素影响较小。其次，1978 年开始的家庭联产承包责任制和禁止农村土地自由买卖的相关规定使得 3 个网络中都充斥着小规模的农户。这一情形限制了农民通过增加投入而提高他们产品品质的可能性。再次，在城市化的进程中，大量受过教育的农民进入城市以取得远远高于农村种地的工资收入。由于受过高等教育的农民在城市中有更多的被雇用的机会，此次所有被访谈的农民受教育水平都较低。这一情形限制了农民通过学习先进技术以提高他们生产技巧的可能性，进而使得农产品安全问题受到漠视。最后，当地习俗在产品质量形成过程中的影响也不可回避，其具体影响在婺源绿茶案例中已得到明确呈现。

除了以上提及的四点，其他因素如生产经验、政府科研能力和技术人员的数目等，都有可能对生产过程以致产品质量产生一定的影响。这些因素限制了生产者在生产过程中的选择余地，因此在分析地理标志产品质量时应被仔细考量。

五、3 个地理标志产品质量形成过程的异同

由于 95%的赣南脐橙未经加工而直接售卖，其质量特性主要被农民的生产行为所左右。但是，通过解剖质量形成过程中所涉及的权力

关系，农民的生产决策很大程度上由中间商所设立的质量标准而非国家标准所左右。第一，对国家标准不合理的解读（非强制性）与不正确的地理标志颁发程序（未含质量检查程序）相结合，使农民意识到是否按照国家标准生产脐橙并不重要。即使他们没有按照国家标准进行种植和分级，他们依旧能以“赣南脐橙”的名义在市场上售卖他们的产品。第二，虽然地理标志属于集体知识产权范畴，由于在2006年前农民并不被鼓励相互合作，网络中现有的合作组织主要是在当地政府支持下成立的，并因此主要为当地政府服务。缺少独立第三方对合作社成员行为的约束，这些合作组织对其成员生产行为的影响微乎其微。第三，始于2004年的赣南脐橙市场价格下跌情况表明，地理标志体系并不能自动为农民带来高收入。为了保证收入，农民不得不基于中间商的质量标准生产脐橙。因此，赣南脐橙的质量主要受农民经济理性的约束。中间商因此成为质量形成过程中“最有权力”的行动者，逐步下降的口感和安全水准就变成了这一权力架构下不可避免的产物。

在南丰蜜橘网络中，质量形成过程中的权力关系与赣南脐橙网络相似。农民总是在经济理性而非国家标准的基础上做出他们的生产决策。第一，不正确的地理标志颁发程序（未含质量检验程序）结合抚州市政府的种植地域扩张政策使得国家标准在网络中的影响极小。第二，由于本地农民偏向于单独售卖产品，而政府支持下的合作组织也并不拥有约束生产行为的能力，政府支持下的合作组织在质量方面的影响可以忽略不计。第三，因为地理标志本身并不能自动给其生产者带来较高收入，合同制农庄下的农民总是偏向于在合同收购商制定的生产规范和质量标准下种植蜜橘以便于取得较高收入。而拥有丰富市场知识和强大“购买力”的合同收购商因此成为网络中影响质量形成过程的“最有权力”的行动者。与合同收购商相比，一般中间商在质量方面的影响却因为较弱的市场调研能力和当地单独售卖习俗而较为薄弱。第四，通过颁布扩张种植区域的政策，政府在质量形成过程中扮演了重要角色。但其对质量的影响更多是负面而非正面的。由于供应量大增，处于不适宜种植区域的农民对于提升产品质量的愿望越来越低。总而言之，在各行动者之间复杂的权力关系之下，面对政府的扩张政策，大量口感逐渐下滑而安全也得不到保证的南丰蜜橘被生产出来并被输送到市场上。

婺源绿茶网络中的质量形成过程由于加工厂商的介入而表现得比前两种产品更为复杂。但经过仔细分析各行动者之间的权力关系却发现，地理标志体系在网络中的影响仍然极其有限。第一，虽然政府基于相关法律、法规和标准来规范种植行为的效果薄弱，政府依然可以通过提供免费种苗和补贴的方式影响产品质量形成的过程。基于高产量和高质量产品可能带来的高收入的考量，当地茶农偏向于依照政府所倡导的省级标准（而非地理标志标准）培育茶树。第二，大加工厂商的生产行为被政府工作人员基于关注安全和卫生的强制性法律、法规和标准（非地理标志标准）所约束。在大加工厂商层面，政府对其生产过程以至产品质量有一定影响。第三，面对 3 个地理标志框架，地理标志使用者偏向于使用国家工商总局颁发的标志而非另外两个，因为这个标志较易取得（基于不科学的样品选取程序和“过于基本”的标准）。故此，地理标志体系基于标志颁发过程而对产品质量所能够产生的影响微乎其微。第四，面对不同的消费者，中间商采用了与合同加工商不同的质量标准收购婺源绿茶。例如，大加工厂商关注产品的口感、外形和安全方面，但中间商只对口感和外形有特别的要求。为了保证收入，不同的农民（单个农民和合同制农民）采用了不同的方法来种植/加工绿茶产品。因此，婺源绿茶在市场上的质量特性并不一致。总体来说，婺源绿茶的平均品质由于当地政府的补贴而在近年有所提升。但具体来讲，合同制农庄下出产的婺源绿茶比单个农民自产的产品安全系数更高。

通过仔细分析和比较 3 个地理标志产品质量形成过程中的权力关系可以发现，虽然不同网络所处的环境和行动者之间的权力关系各有特点，但基于“过于基本”的标准、不正确的地理标志颁发程序和薄弱的政府监管而造成的地理标志体系对产品质量的微弱影响在 3 个网络中却出乎意料的一致。这一现象不仅与理论假设（地理标志体系试图通过提供具有特殊质量特性的产品在市场上与工业化标准下生产的产品相竞争进而帮助生产者取得高收入）相违背，而且与 3 个国外地理标志产品网络（Cassis 葡萄酒、帕尔玛火腿和佛罗里达柑橘）有极大差异。为了更深刻的理解中国地理标志网络中的这一现象，对于数据的研究将在下一部分扩展到更为广泛的领域。

第二节　地理标志体系的再认知：中外比较分析

这一部分试图将前文从 3 个案例中得到的结论放在一个更广阔的范围内进行探讨，尤其是与本书第二章所提及的农产品质量、工业化农产品生产网络、消费者农产品质量观念的转变和替代性农产品生产网络相联系。在回顾了这些文献和概念之后，本节将通过图表的形式来明确中国和西方地理标志体系之间的异同点。

首先值得探讨的是本书第二章提出的农产品质量理论框架。此框架指出，农产品质量难以基于生产者或消费者角度予以定义，但其含义却可通过基于一定环境下对不同行动者之间在质量形成过程中的权力关系进行解剖而得以理解。然而，虽然研究已经证实权力关系是一条分析和理解农产品质量的有用线索，但理论框架中的政治、经济和社会环境的边界却难以与行动者之间的权力关系相区分。例如，习俗是社会环境的组成部分，但是其只能通过不同行动者之间的权力关系得以展现。对于农产品质量的分析因此应该更加关注不同行动者之间的权力关系，而非像理论框架中表现的那样，将环境和权力关系分开研究。

聚焦于权力关系，质量和地理标志体系之间的关系已经在第二章得以清晰阐述。具体讲有两点：①地理标志农产品是在受保护区域内生产的；②地理标志产品质量能够被（基于特定质量标准的）地理标志颁发程序以及政府监管程序所保证①。而地理标志农产品的生产者也会因为提供了市场上消费者愿意付高价购买的特殊质量特性而取得高额经济回报（Marsden et al.，2000b；Renting et al.，2003）。但基于3个案例的研究却发现，中国地理标志体系没有遵循这一逻辑。

首先，由于缺少独立的监管体系，政府偏向于提出“过于基本”的质量标准并采用极不正确的地理标志颁发流程以保证所有来自地理标志保护区域内的生产者都能受益于地理标志体系。换句话说，政府将地理标志看作是能够增加农民及农村收入的手段而非保证特定产品质量的标志。地理标志农产品的特殊质量特性因而难以在市场上得以保证。

其次，在西方国家，地理标志体系是伴随着消费者对工业化农产品质量的信任程度逐渐衰退而出现的。在中国，工业化农产品网络和地理标志体系却在20世纪90年代开始同步发展。换句话说，中国地理标志体系的产生与消费者对工业化农产品质量的不信任毫不相关，仅仅是为了顺应政府提高农民收入的目的而出现的。关注于经济回报而非质量的结果是在过去的10年间，很多地理标志产品曝出食品质量丑闻。消费者愿意为地理标志农产品的特殊质量特性而付出高价格的热情逐渐削减。在这种情况下，“柠檬市场”出现了。小规模的地理标

① 立法、执法和监督者都各自独立以保证质量的可靠性（O'Reilly and Hains，2004；Hayes et al.，2004，2005；The Parma Ham Consortium，2007）。

志生产者偏向于通过降低投入而在市场上获取较高收益。一些中大型的中间商和加工厂商被迫建立自己的品牌以避免市场风险。

最后，前人的研究指出，地理标志体系是农民“脱离”工业化农产品生产网络的控制的手段（Millstone and Lang，2003；Renard，2005）。在工业化农产品生产网络中，大加工商和零售商基于他们巨大的购买和分销能力，逐步压低付给农民的收购价格（Renard，2005）。地理标志体系则被寄予能够通过建立独有的质量标准而加强与加工商及零售商的谈判能力，并借此获得高经济回报的厚望（Hayes et al.，2004）。但是中国的地理标志体系却没有展现出与工业化农产品网络相抗衡的特质。经过 20 年的发展，现代工业化农产品生产网络在中国的许多地区都没有建立起来。高度分散的土地所有制、不完善的信用体系、低效率的物流和低学历的农民等因素都制约了它的发展（郭梅枝，2008）。处于很多地理标志网络中的农民依旧在一个传统的农产品生产体系中运作——农民直接（或通过小型中间商）售卖他们的产品给最终消费者。因此，面对激烈的市场竞争，中国地理标志农产品的生产者并不认为他们所生产的产品与工业化农产品是直接对立的关系（或称他们不认为他们所处的网络与工业化农产品生产网络直接对立）。很多农民及政府工作人员甚至认为更具专业性的现代工业化农产品网络（如合同制农庄）是提高农民收入的好途径。现代工业化农产品网络和地理标志网络之间重合在中国已经可以明显地被观察到。故此，中国地理标志网络中的价值分配形式与现代工业化农产品网络并没有很大差异。基于丰富的市场经验和巨大的“购买力”，中间商和加工厂商都通过他们提议的质量标准在网络中摄取了远远高于农民的利润。

总体来说，中国地理标志体系在很多方面看来都是欧洲和美国地理标志体系的混合体。例如，中国有与欧洲相似的专门的地理标志保护框架，但也用证明商标系统来保护地理标志产品（见本书第二章第五节）。同时，因为中国的地理标志体系是在与西方有巨大差异的政治、经济和社会环境下运作，它们之间的不同点也可以很明显地被观测到，如表 8-5 所示。

表 8-5 中国和西方地理标志体系的主要差异

中国地理标志体系	西方地理标志体系
• 地理标志网络由政府单方面管理 • 地理标志体系基于政府增加农民收入的目的而被创建和发展 • 地理标志主要作为促销手段在市场上出现，故而难以保证特定的质量特性 • 现代工业化农产品体系和地理标志体系之间的重合可以很明显地被观察到 • 中间商及加工厂商而非农民在地理标志网络中占有了较高的利润 • 小规模的生产者在地理标志的名义下售卖其产品，但很多中大型中间商及加工厂商已经开始建立自己的品牌以避免市场风险 • 正式的协会/合作组织（包括地理标志所有者）没有能力通过地理标志颁发程序来约束其成员的生产行为	• 生产者合作组织、政府和/或第三方组织一同管理地理标志产品网络 • 基于消费者特殊的“质量”需求而出现和发展 • 地理标志不仅是促销手段而且是证明产品符合预先设定的特定质量标准的工具 • 地理标志体系与工业化农产品生产网络相对立（至少在质量特征方面） • 生产者合作组织通过制定质量标准而被赋予网络中的话语权，借此生产者有可能取得高于现代工业化农产品生产网络中的收入 • 生产者偏向于以地理标志的名义售卖其产品以获得高收入 • 强有力的生产者合作组织撰写生产规范及质量标准并约束其成员的生产行为

第三节 本章小结

本章在 3 个案例分开剖析的基础上，将所得到的数据进行更深层次的横向解析，并在更广阔的理论及现实基础上进行了总结，以加深对数据的理解。

分析不仅显示了 3 个案例之间的异同点，而且明确指出，尽管 3 个地理标志农产品网络在质量形成的过程中所涉及的权力关系并不相同，在地理标志体系对农产品质量微乎其微的影响方面，3 个案例却出奇的一致。同时，理论框架方面的探讨也提出了一系列值得关注的话题。其中，最值得注意的有：①中国地理标志体系建立及发展的原因主要是提高农民及农村收入，而非响应消费者质量需求及农民要求取得生产自主权的呼吁；②由于中国地理标志体系由政府单方面组建和管理，地理标志农产品质量难以得到保证。当然，存在的这些缺陷并没有否定地理标志体系通过明确农产品的特殊质量特性来帮助农民取得高收入的能力[①]。这些数据只是单纯地指出中国地理标志农产品质量可能并不优于非地理标志农产品，且中国地理标志体系并不能自动带给网络中的生产者以高收益。

① 绝大部分被访谈农户都愿意在地理标志的名义下售卖其产品。

第九章

结论与展望

第一节　主要观点

在西方国家中，地理标志标签就像第三方证明一样，帮助关注农产品质量的消费者在市场上做出正确的选择，并因此提高生产者的经济收入。但是在中国，关注农产品质量方面的地理标志体系研究却十分匮乏。因此，面对市场上层出不穷的农产品质量丑闻，衡量当代中国市场中地理标志体系对农产品质量的影响程度变得十分迫切。

为了回答这个问题，本书将研究重点放在 6 个方面以剖析中国地理标志体系与农产品质量之间的关系。

一、建立一个理论框架以研究农产品质量

首先，大量从管理学角度出发定义或分析质量的文章被一一回顾（Juran，1951；Feigenbaum，1956；Levitt，1960；Garvin，1987；Crosby，1979；Harvey et al.，2004；Kotler and Keller，2006；Sung，2010）。为

了回答“什么是质量”的问题，“质量”在历史上的一系列定义被一一展开。从中可以清楚地看到，生产者和消费者由于立场不同，对质量有着不同的定义方式。鉴于质量在不同的时间对于不同的人（消费者以及生产者）有不同的含义（Logothetis，1992；Crosby et al.，2003），质量难以被简单定义（Parrott et al.，2002）。对于质量的分析，必须放在一定的背景条件下进行。

跟随这一前提，为了达到本书的研究目的，“如何定义/分析农产品质量”被提上议事日程。在回顾了不同研究者从不同角度对农产品质量含义的解读（Ilbery and Kneafsey，2000b；Parrott et al.，2002；Winter，2003a；Harvey et al.，2004；Marsden，2004；Morgan et al.，2006；Kneafsey et al.，2008）之后，农产品质量被指出是在一定的政治、经济和社会条件下的产物。换句话说，虽然农产品质量难以从生产者或消费者角度进行简单定义，它还是能够在一定的环境下通过解剖质量形成过程中各行动者之间的权力关系而被分析。

在呈现了农产品质量研究的理论框架之后，本书继续寻找支撑这一理论框架的理论基础，以便于建立一个完整的令人信服的研究体系。在比较了传统经济理论、政治经济学理论和社会经济学理论，以及供应链理论、商品回路范式、网络理论和行动者网络理论之后，社会经济学理论和网络理论被认为是最适合用来分析农产品质量的理论基础。而权力关系则是网络理论中用来解释农产品质量在不同网络中含义的最适宜的线索/途径。

二、回顾农产品质量含义在世界农业领域的变迁并通过实例说明地理标志体系在不同环境下如何影响农产品质量

根据理论模型，农产品质量是由不同行动者之间的权力关系决定的。为了理解地理标志网络中权力关系对质量的影响，不同农业领域各行动者之间的权力关系和相应的质量含义被一一分析，3 个地理标

志网络实例也被逐个分解。

首先，3个农产品网络——工业化农产品网络、替代性农产品网络和地理标志农产品网络被逐一回顾。在工业化农产品网络中，大规模的工业化生产对应的是“工业化”/“制度化”的质量标准（Renard，2005）。由于此种质量标准是大加工商和零售商基于强大的购买和分销能力而建立的，农民/小规模的生产者完全丧失了对农产品质量的控制能力。仅具有“最基本”质量特性的农产品就这样在以利润为导向的工业化网络中被生产出来（Murdoch and Miele，1999）。虽然大部分消费者都满足于这一网络中生产出来的低价农产品，过去20年间一系列的农产品质量丑闻还是最终改变了部分消费者对这一网络的信心（Goodman，1999）。因此，替代性农产品生产网络走上了历史舞台。为了满足一些消费者对农产品质量的特殊需求，替代性农产品网络向市场呈现了一系列具有不同质量特性的农产品，如感觉更健康的农产品（有机食品和非转基因产品等），来自于特殊产地的农产品（地理标志农产品等），更关注动物福利的农产品（自由放牧的畜产品等），或者是在更好的生态环境下生产的农产品等（Nygard and Storstad，1998；Winter，2003a，2003b）。由于部分消费者相信农产品质量特性与其产地的自然和人文环境紧密相连，着重刻画“产地”质量的地理标志网络成为替代性农产品网络的分支之一（Renard，2003；Mansfield，2003a，2003b）。实际上，地理标志体系不仅能够满足部分消费者对质量的特殊要求，而且能够通过区分特殊地域生产的产品与一般性的工业化体系生产的产品而给地理标志农产品生产者带来从市场上收获额外收入的机会（Hayes et al.，2004）。因此，地理标志体系最终在世界上很多国家和地区获得了政府的大力支持（包括欧洲、美国、日本和中国等）。

地理标志体系推销的是农产品“产地”质量。但根据本书的理论模型，不同地理标志体系中的“产地”质量含义可能并不相同。为了更好地理解在不同的网络中，各行动者之间的权力关系如何影响农产品质量，3 个地理标志网络——Cassis 葡萄酒、帕尔玛火腿和佛罗里达柑橘被一一解析。所取得的数据都表明，不同的情境下，不同的地理标志框架中，农产品质量的形成过程和含义不尽相同。这一结论也证明本书的理论框架可以用来分析农产品质量的形成过程及解释为何特定农产品质量特性会被呈现在市场中。因此，中国地理标志体系对农产品质量的影响就成为有明确路径可以探究的课题。

三、中国地理标志体系所处的政治、经济和社会环境

基于农产品质量的理论框架，本书第三章分成了两个部分。首先，对中国政府建立和发展地理标志体系的动机从社会及经济两方面深入挖掘。其次，对地理标志体系所处的政治环境也从一般的食品安全法律法规及地理标志体系法律框架两方面进行了解析。

第三章第一部分总结了中国农业系统的关键性特征：快速增长的农产品产量、高度分散的土地使用权、成百万的小农户、逐渐拉大的城乡收入差距以及越来越受消费者关注的食品安全问题。简而言之，中国的农村收入问题已受到中国政府的重视。面对大量的小农户和逐渐增长的消费者质量需求，政府从 20 世纪 90 年代起开始建立和发展地理标志体系以满足消费者需求、提高农民收入并促使社会和谐发展。

第三章第二部分则回顾了现代中国食品体系中的安全问题，并指出基于繁复的法律、不同部门间重合的监管职责、低效的监管系统和被庇护的生产经营厂商，要想保证中国市场上农产品安全不是一件易事。同时，虽然地理标志农产品与一般的农产品最大的区别应该是“质量”，但 3 个平行的地理标志框架却使得中国地理标志体系是否能够保证地理标志农产品特殊的质量特性成为一个实实在在的疑问。探究中国地理标志体系对农产品质量的影响，于是成为一个现实的课题。

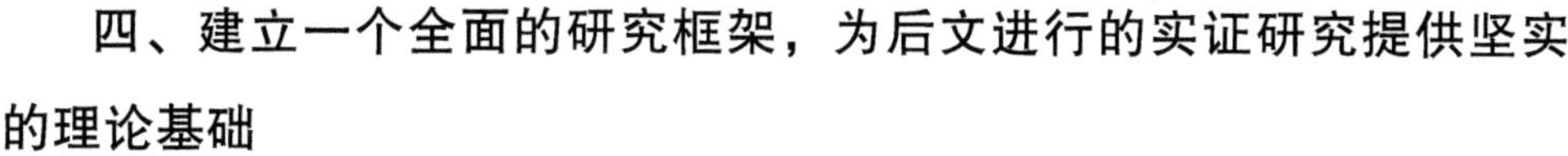

四、建立一个全面的研究框架，为后文进行的实证研究提供坚实的理论基础

在社会学的研究架构内分析了不同的研究范式和研究战略之后，首先，本研究确立采用诠释主义研究范式和案例研究战略。面对中国上千个地理标志网络，通过设立一系列的案例选择标准，3 个样本（赣南脐橙、南丰蜜橘和婺源绿茶）被仔细地选择出来。其次，在确认了通过文献阅读收集二手数据和半结构访谈法收集一手数据后，在 NVivo8 软件的帮助下，质性数据分析的三个步骤（转录、分类和联结）被一一确认。最后，所有的数据被决定组合成“现实的故事”（使用基于事实的语言，具有第三人称的现实主义风格）予以呈现。

五、衡量当代中国市场中地理标志体系对于农产品质量的影响程度

本书的第五、第六、第七章依次对 3 个案例进行了分析。每一章的第一部分都根据文献研究和预调查所取得的数据建立了一个尽可能详尽的背景环境，以介绍地理标志网络的建立及发展历史和确认网络中与质量形成过程有关的主要行动者。在介绍完被访谈者的情况之后，每章的第三部分把重点放在一手数据的分析上。基于理论框架，通过关注不同行动者之间的权力关系，所有 3 个案例的数据都表明，地理标志农产品的质量形成过程主要受到经济关系的影响，而政府及合作组织并没有基于地理标志相关标准对质量造成重大影响。

六、综合所有数据衡量中国地理标志体系对农产品质量的影响程度

首先，3 个案例的数据被组合起来并进行横向分析。结果表明，尽管各有特色，3 个案例在地理标志体系对质量的微弱影响方面却十分

相似。例如，地理标志产品标准在 3 个网络中都过于“基本”，严格的质量检验程序都未包含在地理标志颁发的过程中，以及正式的合作组织都未对其成员的生产行为产生重大影响等。

其次，研究数据被放在一个更广阔的农产品体系范围内进行探讨。权力关系被指出是理解和分析质量的关键性线索，而中西方地理标志体系的不同也被总结出来。总体来说，地理标志体系的运作过程、监管行为和价值分配体系在中西方都有巨大的不同，以至于中国的地理标志农产品的质量形成过程及其含义与西方社会有巨大的差别。

基于以上的结论，本书指出本书未解决的问题及将来可能的研究扩展方向。这也是本书的最后一个目标，为将来地理标志及质量方面的研究奠定一定的基础。

第二节 未来的研究方向

正如本书开头所指出的那样，此研究的目的在于通过案例分析来衡量当代中国市场中地理标志体系对于农产品质量的影响程度。基于取得的一手数据和二手数据，中国地理标志体系对于农产品质量的影响程度被仔细分析和衡量。在此基础上，6 个将来可能的研究扩展方向逐渐明晰。其中，3 个是本研究的直接扩展，另 3 个是中国农业研究亟待解决的问题。

（1）对于所有研究来说，缺陷一定存在。因此，第一个可能扩展的研究方向就是将本研究中未出现的行动者包含进质量研究之中，如农资提供者（化肥和农药供应商）及最终消费者等。农资提供者提供的信息会增加数据的可信度，特别是在农产品安全方面。而对最终消费者的访谈尤为重要。实际上，消费者对农业体系的影响已经在很多前人的研究中被提及（Goodman，2003；Kotler and Keller，2006）。而本研究由于种种原因，仅仅在进行预调查时对他们进行了简单的访谈。因此，对于消费者的调研可以看作是农产品质量研究的一个重要扩展方向。同时，很多前人在农产品质量方面的研究将重点放在分析生产者和消费者的关系方面（Ilbery and Kneafsey，2000a；Huffman et al.，2007；Sung，2010）。而本研究也显示，消费者和消费行为在很大程度上影响了地理标志农产品的质量特征。故此，将来的研究也可站在消费者角度考虑生产者/零售商与消费者之间的关系会对感知质量造成何等影响，为何消费者偏爱购买地理标志产品，直接售卖的方式是否能够增进消费者对农产品质量的信任程度，以及是地理标志还是商标对于消费者来说在质量判定方面更值得信赖等问题。

（2）第二个可能扩展的研究方向是时间方面的扩展。在过去的 10 年间，3 个被调查的地理标志网络都发生了很大的变化。例如，婺源绿茶网络中的种植品种、网络结构和市场价格都在过去 10 年间变化巨大。鉴于 Juska 等（2000）和 Lockie（2002）也指出权力关系是不稳定的，如果在未来的 5~10 年再次做相似的研究，其结果可能并不类似于今天的结论。例如，完善的信用体系可能使得合同制农庄在赣南脐橙网络中被广泛使用，并使得工业化的生产体系在网络中得以铺开，南丰蜜橘网络中抚州市政府的政策可能因市场价格的持续下跌而改变，而这一改变又可能会反过来对南丰蜜橘的生产产生持续的影响。对同一网络的持续研究有利于进一步加深对中国地理标志体系在农产品质量方面的影响的了解。

（3）第三个可能扩展的研究方向可以是案例数量的扩展。如果更多的来自于不同省份的不同种类的地理标志农产品（如禽类、酒类等）能够被仔细分析，就有可能得出更令人信服的结论。例如，中国西北部地广人稀，大规模工业化的农产品生产习俗可能使得当地地理标志网络的运作完全不同于作为研究案例的 3 个来自于中国中南部的网络。

同时，就像前文所述，本研究主要关注国内而非国际市场。而这两个市场如果能进行比较性研究的话，很多行动者在网络中所扮演的角色将能更加明晰。例如，如果中国政府在国际市场上扮演了更加严厉的角色以保证出口产品的质量，那么当地政府在地理标志网络中的微弱影响及其支持网络扩张的原因就更加值得深思。

（4）除了前面所提及的三个基于研究缺陷的扩展方向外，基于结论导出的中国农业研究亟待解决的问题也值得深思。因此，第四个可能存在的研究方向是如何将地理标志体系与当地原有的农产品生产网络有效地结合起来。中国农业体系缺乏一个发育良好的工业化阶段，地理标志因此更多地被视为一个提高农业及农村收入的促销工具而非满足部分消费者需求的质量证明标签。因此，在中国特有的情境下如何建立有效的，能促使生产者加入到网络管理中去并撰写出合适地理标志产品标准的，能避免“柠檬市场”出现的，且能有力地通过地理标志颁发过程保证特定农产品质量特性的地理标志网络值得深入探索。

（5）第五个可能存在的研究方向是确认合作组织及政府在中国地理标志网络内的潜力。近年来，农民合作组织在提高农民收入方面的潜力以及政府在经济活动中扮演的角色已经受到了很多中国学者的关注（如郭梅枝，2008；胡卓红，2009；王文举等，2009；孙亚范，2009；汪彤，2010；傅治平等，2011）。而在被调研的 3 个案例中，合作组织在地理标志网络中的影响有限，因此如何提高这些组织的主观能动性以规范其成员的生产行为，更好地回应市场上消费者的质量需求，以及保护其成员在竞争日趋激烈的市场上的相关权益，就成了很有意义的研究方向。同时，由于政府在中国地理标志网络中扮演的角色十分复杂（标准撰写者、执行者及监管者），那么，在中国现有体制下如何转变政府角色以使得“高质量”的地理标志农产品能够在市场上出现也成为了一个不可回避的研究问题。

（6）如何在中国的农产品生产体系中保证农产品的安全可食用性依

旧值得探讨。理论上来说，消费者能够通过他们的“购买力”影响生产者的生产行为。但是，由于没有任何“代理者”，单个的消费者很难约束生产者的行为以保证市场上农产品的质量，特别是在不可见的食品安全方面（Mulgan，1989）。面对薄弱的市场监管体系、松散的生产者合作组织以及层出不穷的农产品质量丑闻，如何保证农产品安全以及保护消费者权益已经成为中国农产品市场上亟待解决的问题。

第三节 结 论

通过提出一个全新的农产品质量理论研究框架，本书在中国地理标志体系内深入地分析了农产品质量形成的过程，并最终衡量出中国地理标志体系对于农产品质量的影响程度。3个案例的数据分析显示，中国地理标志体系的发展主要基于政府提高农村及农民收入的愿望而非满足部分消费者的质量需求。因此，此体系的重点放在经济方面而非质量方面。“基本”的地理标志产品标准、不适当的地理标志颁发过程及薄弱的政府质量监管体系成为不可避免的结果。最终的结论指出：当今中国地理标志体系本身并不能保证其所生产的农产品质量。这一结论并没有否认地理标志的价值，只是指出相信地理标志体系能自动带给消费者高质量的农产品并回报给生产者高收入是个天真的想法。地理标志体系在提高农产品质量及增加农村收入方面的作用取决于其所处的政治、经济和社会环境。

从质量角度出发，研究结果显示，中国地理标志体系不能保证提供与消费者预期相符的质量特性。地理标志在网络中更多地作为一种促销手段而非质量标志出现。但是，从农村发展的角度出发，本研究明确显示地理标志可能是一个能增加农村收入的有效工具。这一优势鼓励当地政府发展地理标志网络。然而，政府也需摒弃官僚化的视角，不能够将简单化的地理标志产品标准和地理标志颁发程序作为农村发展战略的一部分。

中国的地理标志体系与西方国家迥异，特别是在促进农民合作组织的主观能动性及地理标志产品颁发程序方面。如何更好地完善和发展中国地理标志体系以获得其理论上能给农村落后地区带来的利益，还需要更多的专家和学者在体系的设计及运作方面加以研究。

附　录

半结构性访谈指南

尊敬的先生/女士：

您好！本调查为了了解中国地理标志体系对农产品的质量影响而进行的。恳请并感谢您给予合作。首先请您阅读几项说明：

1. 所有的调查信息仅仅用于学术研究，是严格保密的。

2. 您的意见没有“对”与“错”之分。您的真实想法对我们的研究具有十分重要的意义。

访谈信息：

访谈日期：

访谈地点：

被访谈者姓名：

年龄：

学历：

职业：

电话号码：

[这一部分由研究人员在访谈开始前完成]

A：一般性问题

1. 你如何理解农产品质量？

2.你如何判定赣南脐橙/南丰蜜橘/婺源绿茶的质量？

B：政府影响方面的问题

3. 在赣南脐橙/南丰蜜橘/婺源绿茶生产过程中及加工过程中有必须遵守的法律、法规和标准吗？如果有，指明相应的条款并说明相应的要求和惩罚。如果没有，为何没有？

4. 有没有任何组织/政府机构曾经检查过你所生产的赣南脐橙/南丰蜜橘/婺源绿茶的质量。如果有，频率如何？结果如何？你所处的政府部门/组织组织过对赣南脐橙/南丰蜜橘/婺源绿茶的质量检查吗？如果有，频率如何？结果如何？

5. 加强政府监管力度是不是保证质量的有效手段？为什么？

6. 按照地理标志标准进行生产和检测能否保证产品质量？请举例说明。

C：社会影响方面的问题

7. 你加入了任何合作组织吗？如果加入了，此组织的目标是什么？此组织在过去几年间主要做了什么？他们对生产行为/质量有何影响？

8. 你如何种植/加工你的产品？

9. 影响你所生产/加工产品质量的最重要因素是什么？它是如何影响产品质量的？还有别的影响因素吗？

10. 谁是网络中产品质量的判定者？

11. 如果你售卖“低质量”的产品给你的合同加工/收购商，会有什么惩罚吗？

12. 什么是你保证/提升产品质量的动力？

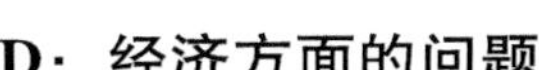

D：经济方面的问题

13. 你所生产的产品在市场上得到了合适的利润吗？为什么？（可与同类非地理标志产品相比较）

14. 你所生产的产品在批发及零售市场上的质量标准是什么？

15. 你相信增加投入能够提升产品质量并因此在市场上获得高经济回报吗？为什么？

16. 网络中“高质量”地理标志农产品和“平均质量”地理标志农产品在市场上的差价大吗？地理标志农产品和相似的非地理标志农产品呢？请举例说明。

E：有关地理标志的问题

17. 什么是地理标志？为什么你所生产的农产品被称作地理标志产品？

18. 你见过地理标志标签吗？你如何获得它们？你愿意申请并在你的产品上使用地理标志标签吗？为什么？

19. 地理标志是质量证明标记还是一种促销手段？你相信所有的地理标志农产品都是高品质农产品吗？为什么？

20. 过去 5 年中，你所生产的地理标志农产品质量有很大变化吗？你相信你所生产的地理标志农产品质量在未来 5~10 年内会有很大提升吗？为什么？

参考文献

[1] Acebron L. and Dopico D. The Importance of Intrinsic and Extrinsic Cues to Expected and Experienced Quality: An Empirical Application for Beef [J]. Food Quality and Preference 2000, 11 (3): 229-238.

[2] Addor F. and Grazioli A. Geographical Indications beyond Wines and Spirits: A Roadmap for a Better Protection for Geographical Indications in the WTO/TRIPS Agreement [J]. The Journal of World Intellectual Property, 2002, 5 (6): 865-898.

[3] Akerlof G. The Market for "Lemons": Quality Uncertainty and the Market Mechanism[J]. Quarterly Journal of Economics, 1970, 84(8): 488-500.

[4] Alasuutari P., Brannen J. and Bickman L. Social Research in Changing Social Conditions. in The SAGE Handbook of Social Research Methods. ed. by Alasuutari P. [M]. Bickman L. and Brannen J. London: Sage Publications Ltd., 2008.

[5] Allacre G. and Boyer R. The Great Transformation of Agriculture [M]. Paris: INRA Economica, 1995.

［6］ Allaire G. Quality in Economics: A Cognitive Perspective. in Qualities of Food ［M］. Manchester: Manchester University Press, 2004.

［7］ Allanson P. Farm Size Structure in England and Wales, 1939–1989 ［J］. Journal of Agricultural Economics, 1992, 43 (2): 137–148.

［8］ Allen J. Lost Geographies of Power ［M］. Malden/Oxford/Melbourne/Berlin: Blackwell Publishing, 2003.

［9］ Allen P. and Kovach M. The Capitalist Composition of Organic: The Potential of Markets in Fulfilling the Promise of Organic Agriculture ［J］. Agriculture and Human Values, 2000, 17 (3): 221–232.

［10］ American Society for Quality. Glossary ［EB/OL］. http://www.asq.org/glossary/q.html, 2010.

［11］ Anania G. and Nisticò R. Public Regulation as a Substitute for Trust in Quality Food Markets: What if the Trust Substitute Cannot be Fully Trusted? ［J］. Journal of Institutional and Theoretical Economics (JITE), 2004, 160 (4): 681–701.

［12］ Appadurai A. Modernity at Large: Cultural Dimensions of Globalization ［M］. Minneapolis: Minnesota University Press, 1996.

［13］ Ash R. Population Change and Food Security in China. in Critical Issues in Contemporary China. ［M］. New York and London: Routledge, 2006.

［14］ Atkins P. and Bowler I. Food in Society: Economy, Culture, Geography ［M］. London: Arnold, 2001.

［15］ Atkinson P. and Coffey A. Analysing Documentary Realities. in Qualitative Research: Theory, Method and Practice ［M］. London: Sage, 1997.

［16］ Babcock B. A. and Clemens R. Geographical Indications and Property Rights: Protecting Value-Added Agricultural Products, MATRIC

Briefing Paper 04 -MBP 7 [M]. Ames, Iowa 50011 -1070: Midwest Agribusiness Trade Research and Information Center, Iowa State University, 2004.

[17] Barham E. Translating Terroir: The Global Challenge of French AOC Labeling [J]. Journal of Rural Studies, 2003, 19 (3): 127-138.

[18] Barling B. Food Agencies as an Institutional Response to Policy Failure by the UK and the EU. in Qualities of Food [M]. Manchester: Manchester University Press, 2004.

[19] Barro R. Inequality and Growth in a Panel of Countries [J]. Journal of Economic Growth, 2000, 5 (1): 5-32.

[20] Bateman H., Sargeant H. and McAdam K. Dictionary of Food Science and Nutrition [M]. London: A&C Black Publishers Ltd., 2006.

[21] Beardsworth A. and Keil T. Sociology on the Menu: An Invitation to the Study of Food and Society [M]. London: Routledge, 1997.

[22] Beck U. Ecological Questions in a Framework of Manufactured Uncertainties. in The New Social Theory Reader: Contemporary Debates [M]. London: Routledge, 2001.

[23] Beck U. Risk Society: Towards a New Modernity [M]. London: Sage, 1992.

[24] Bell D. and Valentine G. Consuming Geographies: We are Where we Eat [M]. London: Routledge, 1997.

[25] Benbrook C., Zhao X., Yáñez J., Davies N. and Andrews P. New Evidence Confirms the Nutritional Superiority of Plant-Based Organic Foods [EB/OL]. http: //www.organic-center.org/reportfiles/5367_Nutrient_Content_SSR_FINAL_V2.pdf, 2010.

[26] Bendell T. The Quality Gurus: What can they do for Your

Company? [M]. London: Department of Trade and Industry, 1989.

[27] Benton T. Biology and Social Theory in the Environmental Debate. in Social Theory and Global Environment [M]. London: Routledge, 1994.

[28] Beresford L. Symposium on the International Protection of Geographical Indications. The Protection of Geographical Indications in the United States of America [R]. South Africa: WIPO, 1999.

[29] Bergeaud-Blackler F. Social Definitions of Halal Quality: The Case of Maghrebi Muslims in France [M]. Manchester and New York: Manchester University Press, 2004.

[30] Biggart N. and Beamish T. The Economic Sociology of Conventions: Habit, Custom, Practice and Routine in Market Order [J]. Annual Review of Sociology, 2003 (29): 443-464.

[31] Blaikie N. Designing Social Research [M]. Cambridge: Polity Press, 2000.

[32] Block F. Postindustrial Possibilities: A Critique of Economic Discourse [M]. Berkeley: University of California Press, 1990.

[33] Bloor D. Anti-Latour. Studies in History & Philosophy of Science [R]. 1999 (1): 81-112.

[34] Bonanno A., Busch L., Friedland W., Gouveia L. and Mingione E. (eds.) From Columbus to ConAgra: The Globalization of Agriculture and Food [M]. Kansas: University Press of Kansas, 1994.

[35] Boston Consulting Group. A New BCG Study Finds that Middle-Class and Affluent Consumers in China's Smaller Cities are More Eager to Spend and Trade Up than their Big-City Counterparts [EB/OL]. http://www.bcg.com/media/PressReleaseDetails.aspx? id=tcm: 12-65132, 2010.

[36] Bowen S. and Zapata A. Geographical Indications, Terroir and

Socioeconomic and Ecological Sustainability: The Case of Tequila [J]. Journal of Rural Studies, 2009, 25 (1): 108–119.

[37] Bowler I. and Ilbery B. Redefining Agricultural Geography [J]. Area, 1987, 19 (4): 327–332.

[38] Bristow M. China Tackles Tainted Food Crisis [EB/OL]. http://news.bbc.co.uk/1/hi/world/asia–pacific/6288096.stm, 2010.

[39] Brogaard S. and Zhao X. Rural Reforms and Changes in Land Management and Attitudes: A Case Study from Inner Mongolia, China [J]. Ambio, 2002 (31), 219–225.

[40] Brown A. The Legal/Accounting Milieu of the French Wine Industry [J]. Legal Issues in Business: The Wine Industry, 2010 (12): 11–18.

[41] Bryman A. Social Research Method [M]. 3rd edn. Oxford: Oxford University Press, 2008.

[42] Bryman A. and Burgess R. (eds.) Analyzing Qualitative Data. London: Routledge, 1994.

[43] Burningham K. and Cooper G. Being Constructive: Social Constructionism and the Environment [J]. Sociology, 1999, 33 (2): 297–316.

[44] Burrell G. and Morgan G. Sociological Paradigms and Organisational Analysis [M]. London: Heinemann, 1979.

[45] Busch L. and Juska A. Beyond Political Economy: Actor–Networks and the Globalisation of Agriculture [J]. Review of International Political Economy, 1997, 4 (4): 688–708.

[46] Buttel F. Theoretical Issues in Global Agrifood Restructuring [J]. in Globalization and Agri–Food Restructuring: Perspectives from the Australasia Region. ed. by Burch D., Rickson R. and Lawrence G.

Aldershot: Avebury, 1996: 17-44.

[47] Cain P. and Hopkins A. British Imperialism: Innovation and Expansion 1688-1914 [M]. London: Longman, 1993.

[48] Callon M., Méadel C. and Rabeharisoa V. The Economy of Qualities [J]. Economy and Society, 2002, 31 (2): 194-217.

[49] Callon M. Introduction: The Embeddedness of Economic Markets in Economics [J]. in the Laws of the Market. ed. by Callon M. Oxford: Blackwell, 1998: 1-57.

[50] Callon M. Techno-Economic Networks and Irreversibility [J]. in A Sociology of Monsters: Essays on Power, Technology and Domination. ed. by Law J. London: Routledge, 1991: 132-161.

[51] Calvin L., Gale F., Hu D. and Lohmar B. Food Safety: Improvements Underway in China [J]. Amber Waves, 2006, 4 (5): 16-21.

[52] Castree N. Birds, Mice and Geography: Marxism and Dialectics [J]. Transactions of the Institute of British Geographers, 1996, 21 (2): 342-362.

[53] Celine A. The Appellation d'Origine Contrôlée (AOC) and Other Official Product Identification Standards [EB/OL]. http://www.rural.org/publications/aoc.pdf, 2011.

[54] China Daily. Chinese Farmers' Income to be Doubled [EB/OL]. http://www.chinadaily.com.cn/china/2008-10/13/content_7097899.htm, 2010.

[55] China Daily. Rural Income Rises, but Growth Slow [EB/OL]. http://www.chinadaily.com.cn/en/doc/2004-01/26/content_300981.htm, 2010.

[56] Cloke P., Cook I., Crang P., Goodwin M., Painter J. and Philo C. Practicing Human Geography [M]. London: Sage, 2004.

[57] Cloke P., Le Heron R. and Roche M. Towards a Geography of Political Economy Perspective on Rural Change: The Example of New

Zealand [J]. Geografiska Annaler, 1990, 72B (1): 13–25.

[58] Comité National does Appellations d'Origine. Superficie et Re–colte Par Region 2008 [EB/OL]. http://www.inao.gouv.fr/fichier/AOC–Vins–2008–superficie–recolte–par–region.xls, 2011.

[59] Cook I. and Crang P. The World on a Plate: Culinary Culture, Displacement and Geographical Knowledges [J]. Journal of Material Culture, 1996, 1 (2): 131–153.

[60] Cook I., Crang P. and Thorpe M. Paper Presented at the IBG/RGS Annual Conference. "Amos Gitai's Ananas: Commodity Systems, Documentary Filmmaking and New Geographies of Food" [J]. Held Jan. at Glasgow University, 1996.

[61] Cornia G. and Court J. Inequality, Growth and Poverty in the Era of Liberalization and Globalization [R]. Helsinki, Finland: UNU World Institute for Development Economics Research, 2001.

[62] Countiss A. and Tilley D. Protocol Analysis of Meat Buyer's Product Selection [J]. Agribusiness, 1995, 11 (1): 87–95.

[63] Crosby L., DeVito R. and Pearson J. Manage Your Customers' Perception of Quality [J]. Review of Business, 2003, 24 (1): 18–24.

[64] Crosby P. Quality is Free: The Art of Making Quality Certain [M]. New York: New American Library, 1979.

[65] Crotty M. The Foundations of Social Research: Meaning and Perspective in the Research Process. Thousand Oaks, California: Sage, 1998.

[66] Csurgó B., Kovách I. and Kučerov E. Knowledge, Power and Sustainability in Contemporary Rural Europe [J]. Sociologia Ruralis, 2008 (48): 292–312.

[67] Dahl R. Democracy and its Critics [M]. New Haven, CT: Yale

University Press, 1989.

[68] Daly M., Wilson M. and Vasdev S. Income Inequality and Homicide Rates in Canada and the United [J]. Canadian Journal of Criminology, 2001, 43 (219): 236.

[69] Das K. International Protection of India's Geographical Indi-cations with Special Reference to "Darjeeling" Tea [J]. The Journal of World Intellectual Property, 2006, 9 (5): 459-495.

[70] Data Monitor. French Wines: Consumption Concerns in the Bordeaux Vineyards [EB/OL]. http://www.datamonitor.com/store/News/french_wines_consumption_concerns_in_the_bordeaux_vineyards? productid = F0C178FE-F4A8-42E3-9342-8F38D52988A9, 2012.

[71] De Roest K. and Menghi A. Reconsidering "Traditional" Food: The Case of Parmigiano Reggiano Cheese [J]. Sociologia Ruralis, 2000, 40 (4): 439-451.

[72] Deng Y. Middle Class Society a Long Way Off in China [EB/OL]. http://www.chinadaily.com.cn/english/doc/2005-02/18/content_417241.htm, 2010.

[73] Denscombe M. Ground Rules for Good Research [M]. Maid-enhead: Open University Press, 2002.

[74] Denscombe M. The Good Research Guide for Small-Scale Social Research Projects [M]. Buckingham: Open University Press, 1998.

[75] Denton L. and Xia K. Food Selection and Consumption in Chinese Markets: An Overview [J]. Journal of International Food and Agribusiness Marketing, 1995, 7 (1): 55-77.

[76] Denzin N. and Lincoln Y. Paradigms and Perspectives in Contention [J]. in The Sage Handbook of Qualitative Research (Third Edition). ed. by Denzin N. and Lincoln Y. London: Sage Publications

Ltd., 2005b: 183–190.

[77] Denzin N. and Lincoln Y. Introduction: The Discipline and Practice of Qualitative Research [J]. in The Sage Handbook of Qualitative Research (Third Edition) . ed. by Denzin N. and Lincoln Y. Thousand Oaks/ London/ New York: Sage, 2005a: 1–32.

[78] Dicken P., Kelly P., Olds K. and Yeung H. Chains and Networks, Territories and Scales: Towards a Relational Framework for Analysing the Global Economy [J]. Global Networks, 2001, 1 (2): 89–112.

[79] Doel C. Market Development and Organizational Change: The Case of the Food Industry [J]. in Retailing, Consumption and Capital: Towards the New Retail Geography. ed. by Wrigley N. and Lowe M. Harlow: Longman, 1996: 48–67.

[80] Donald J. Contested Notions of Quality in a Buyer –Driven Commodity Cluster: The Case of Food and Wine in Canada [J]. European Planning Studies, 2009, 17 (2): 263–280.

[81] Donkin S., Dowler E., Stevenson S. and Turner S. Mapping Access to Food at a Local Level [J]. British Food Journal, 1999, 101 (7): 554–564.

[82] Douglas M. and Isherwood B. The World of Goods: Towards and Anthropology of Consumption [M]. Harmondsworth: Penguin, 1980.

[83] Du Gay P., Hall S., Janes L., Mackay H. and Negus K. Doing Cultural Studies: The Story of the Sony Walkman [M]. London: Sage, 1997.

[84] Dunant S. and Porter R. Introducing Anxiety [J]. in The Age of Anxiety. ed. by Dunant S. and Porter R. London: Virago Press, Ⅸ–ⅩⅧ, 1996.

[85] DuPuis E. and Goodman D. Should we Go "Home to Eat": Toward a Reflexive Politics of Localism [J]. Journal of Rural Study, 2005 (21): 359-371.

[86] Eden S., Bear C. and Walker G. Understanding and (Dis) Trusting Food Assurance Schemes: Consumer Confidence and the "Knowledge Fix" [J]. Journal of Rural Studies, 2008, 24 (1): 1-24.

[87] Edmonds R. China's Environmental Problems [J]. in Crirtical Issues in Contemporary China. ed. by Tubilewicz C. New York and London: Routledge, 2006: 113-142.

[88] Engardio P., Dexter R., Balfour F. and Einhorn B. Broken China [J]. Business Week July, 2007, 23 (38): 45.

[89] Eves A. and Cheng L. Cross-Cultural Evaluation of Factors Driving Intention to Purchase New Food Products-Beijing, China and South-East England [J]. International Journal of Consumer Studies, 2007, 31 (4): 410-417.

[90] Fajnzylber P., Lederman D. and Loayza N. Inequality and Violent Crime [J]. Journal of Law & Economics, 2002, 45 (1): 1-41.

[91] Fan H., Ye Z., Zhao W., Tian H., Qi Y. and Busch L. Agriculture and Food Quality and Safety Certification Agencies in Four Chinese Cities [J]. Food Control, 2009 (20): 627-630.

[92] Featherstone M. Leisure, Symbolic Power and the Life Course [J]. in Sport, Leisure and Social Relations. ed. by Horne J., Jary D. and Tomlinson A. London: Routledge, 1987: 113-138.

[93] Feigenbaum A. Total Quality Control [J]. Harvard Business Review, 1956, 34 (6): 93-101.

[94] Fine B., Heasman M. and Wright J. Consumption in the Age of Affluence: The World of Food [M]. New York: Routledge, 1996.

[95] Fine B. Towards a Political Economy of Food [J]. Review of International Political Economy, 1994, 1 (3): 519–545.

[96] Fischler C. Food, Self and Identity [J]. Social Science Information, 1988, 27 (2): 275–292.

[97] Fisher C. Researching and Writing a Dissertation: A Guidebook for Business Students [M]. United Kingdom: Pearson Education Limited, 2007.

[98] Flick U. An Introduction to Qualitative Research: Theory, Method and Applications [M]. London: Sage, 1998.

[99] Florida Citrus Mutual. Citrus Statistics [EB/OL]. http://flcitrusmutual.com/citrus–101/citrusstatistics.aspx, 2011.

[100] Florida Citrus Mutual. About FCM [EB/OL]. http://www.flcitrusmutual.com/about/fcmoverview.aspx, 2010.

[101] Florida Department of Citrus. Scientific Research Home [EB/OL]. http://www.fdocgrower.com/sr.php, 2010.

[102] Florida Department of Citrus. Florida Citrus Commission [EB/OL]. http://www.floridajuice.com/fcc.php, 2010.

[103] Florida Department of Citrus. Florida Department of Citrus [EB/OL]. http://www.floridajuice.com/fdoc.php, 2010.

[104] Florida Department of Citrus. History of Ctrus [EB/OL]. http://www.floridajuice.com/, 2010.

[105] Florida's Natural Growers. Co–Op History [EB/OL]. http://www.floridasnatural.com/co–op/history, 2010.

[106] Foddy W. Constructing Questions for Interviews and Questionnaires: Theory and Practice in Social Research [M]. Cambridge: Cambridge University Press, 1993.

[107] Fontana A. and Frey J. The Interview: From Structured

Questions to Negotiated Text [J]. in Handbook of Qualitative Research. ed. by Denzin N. and Lincoln Y. London: Sage, 2003: 61-106.

[108] Fonte M. Knowledge, Food and Place: A Way of Producing, a Way of Knowing [J]. Sociologia Ruralis, 2008, 48 (3): 200-222.

[109] Food Standards Agency. What the Agency does [EB/OL]. http: //www.food.gov.uk/aboutus/agencyrole/whattheagencydoes/, 2011.

[110] Food Standards Australia New Zealand. The Australia New Zealand Food Standards Code - A Guide for Consumers [EB/OL]. http://www.foodstandards.gov.au/foodstandards/theaustralianewzeala5151.cfm, 2011.

[111] Forbes K. A Reassessment of the Relationship between Inequality and Growth [J]. American Economic Review, 2000, 90 (4): 869-887.

[112] Found W. C. A Theoretical Approach to Rural Land-use Patterns [M]. London: Edward Arnold, 1971.

[113] Freidberg S. Culture, Conventions and Colonial Constructs of Rurality in South-North Horticultural Trades [J]. Journal of Rural Studies, 2003, 19 (1): 97-109.

[114] Friedland W., Barton A. and Thomas R. Manufacturing Green Gold [M]. New York: Cambridge University Press, 1981.

[115] Fuller F., Tuan F. and Wailes E. Rising Demand for Meat: Who Will Feed China's Hogs? [J]. in China's Food and Agriculture: Issues for the 21st Century. ed. by Gale F. Washington D.C.: Economic Research Service, United States Department of Agriculture, 2002: 17-19.

[116] Gade D. Tradition, Territory and Terroir in French Viniculture: Cassis, France and Appellation Controlcc [J]. Annals of the Association of American Geographers, 2004, 94 (4): 848-867.

[117] Gale F. Food Expenditures by China's High-Income Househ-

olds [J]. Journal of Food Distribution Research, 2006, 37 (1): 7-13.

[118] Gale F., Bryan L. and Francis T. China's New Farm Subsidies. [EB/OL]. http://chinese.hongkong.usconsulate.gov/uploads/images/G3YqRBpWgqBIVX0ef2Kqvg/uscn_t_usda_2005wrs0501.pdf edn: United States Department of Agriculture, 2005.

[119] Gamble P. and Taddei J. Restructuring the French Wine Industry: The Case of the Loire [J]. Journal of Wine Research, 2007, 18 (3): 125-145.

[120] Garvin D. Competing on the Eight Dimensions of Quality [J]. Harvard Business Review, 1987, 65 (6): 101-109.

[121] General Administration of Quality Supervision, Inspection and Quarantine. Mission [EB/OL]. http: //english.aqsiq.gov.cn/AboutAQSIQ/Mission, 2010.

[122] Gereffi G., Korzeniewicz M. and Korzeniewicz R. Introduction: Global Commodity Chains[J]. in Commodity Chains and Global Capitalism. ed. by Gereffi G. and Korzeniewicz M. Westport, CT: Greenwood Press, 1994: 1-14.

[123] Goodman D. Rural Europe Redux? Reflections on Alternative Agro-Food Networks and Paradigm Change [J]. Sociologia Ruralis, 2004, 44 (1): 3-16.

[124] Goodman D. The Quality "Turn" and Alternative Food Practices: Reflections and Agenda [J]. Journal of Rural Studies, 2003, 19 (1): 1-7.

[125] Goodman D. Rethinking Food Production -Consumption: Integrative Perspectives [J]. Sociologia Ruralis, 2002, 42 (4): 271-277.

[126] Goodman D. and DuPuis B. Knowing Food and Growing Food: Beyond the Production-Consumption Debate in the Sociology of Agriculture

[J]. Sociologia Ruralis, 2002, 42 (1): 5–22.

[127] Goodman D. Ontology Matters: The Relational Materiality of Nature and Agro–Food Studies [J]. Sociologia Ruralis, 2001, 41 (2): 182–200.

[128] Goodman D. Agro–Food Studies in the "Age of Ecology": Nature, Corporeality, Bio–Politics [J]. Sociologia Ruralis, 1999, 39 (1): 17–38.

[129] Goodman D. and Watts M. Globalising Food: Global Questions and Global Restructuring [M]. London: Routledge, 1997.

[130] Granovetter M. Economic Action and Social Structure: The Problem of Embeddedness [J]. American Journal of Sociology, 1985, 91 (3): 481–510.

[131] Guba E. and Lincoln Y. Paradigmatic Controversies, Contradictions and Emerging Influences [J]. in The Sage Handbook of Qualitative Research. ed. by Denzin N. and Lincoln Y. Thousand Oaks, CA: Sage, 2005: 191–215.

[132] Guion L. Triangulation: Establishing the Validity of Qualitative Studies (Electronic Version) [J]. Gainesville: Institute of Food and Agricultural Sciences, University of Florida, 2002.

[133] Guthman J. Back to the Land: The Paradox of Organic Food Standards [J]. Environment and Planning, 2004, 36 (3): 511–528.

[134] Guthman J. Neoliberalism and the Making of Food Politics in California [J]. Geoforum, 2008, 39 (3): 1171–1183.

[135] Hamel J., Dufour S. and Fortin D. Case Study Methods [M]. Newbury Park, CA: Sage, 1993.

[136] Handler M. Trade Mark Dilution in Australia [J]. European Intellectual Property Review, 2007, 29 (8): 307–318.

[137] Harvey D. Policy Dependency and Reform: Economic Gains versus Political Pains [J]. Agricultural Economics, 2004, 31 (2-3): 265-275.

[138] Harvey M., McMeekin M. and Warde A. Introduction: Food and Quality[J]. in Qualities of Food. ed. by Harvey M., McMeekin M. and Warde A. Manchester: Manchester University, 2004: 1-18.

[139] Hayes D., Lence S. and Babcock B. Geographic Indications and Farmer-Owned Brands: Why do the U.S. and E.U. Disagree? [J]. Euro Choices, 2005, 4 (2): 28-35.

[140] Hayes D., Lence S. and Stoppa A. Farm-Owned Brands[J]. Agribusiness, 2004, 20 (3): 269-285.

[141] Healey M. and Rawlinson M. Interviewing Business Owners and Managers: A Review of Methods and Techniques [J]. Geoforum, 1993, 24 (3): 339-355.

[142] Heffernan W., Hendrickson M. and Gronski B. Consolidation in the Food and Agriculture System [J]. Washington D.C.: National Farmers Union, 1999.

[143] Henchion M. and McIntyre B. Regional Imagery and Quality Products: The Irish Experience [J]. British Food Journal, 2000, 102 (8): 630-644.

[144] Hendrickson M. and Heffernan W. Opening Spaces through Relocalization: Locating Potential Resistance in the Weaknesses of the Global Food System [J]. Sociologia Ruralis, 2002, 42 (4): 347-369.

[145] Hennessy D. The Production Effects of Agricultural Income Support Policies under Uncertainty [J]. American Journal of Agricultural Economics, 1998, 80 (1): 46-57.

[146] Henson S. The Process of Food Quality Belief Formation from a

Consumer Perspective[J]. in Quality Policy and Consumer Behaviour in the European Union. ed. by Becker T. Kiel: University of Kiel, 2000: 73–89.

[147] Henson S. and Northen J. Consumer Assessment of the Safety of Beef at the Point of Purchase: A Pan–European Study [J]. Journal of Agricultural, 2000, 51 (1): 90–205.

[148] Henson S. and Caswell J. Food Safety Regulation: An Overview of Contemporary Issue [M]. Food Policy, 1999, 24 (6): 589–603.

[149] Henson S. Consumer Willingness to Pay for Reductions in the Risk of Food Poisoning in the UK [J]. Journal of Agricultural Economics, 1995, 47 (3): 403–420.

[150] Hinrichs C. Embeddedness and Local Food Systems: Notes on Two Types of Direct Agricultural Market [J]. Journal of Rural Studies, 2000, 16 (3): 295–302.

[151] Holloway L., Kneafsey M., Venn L., Cox R., Dowler E. and Tuomainen H. Possible Food Economies: A Methodological Framework for Exploring Food Production –Consumption Relationships [J]. Sociologia Ruralis, 2007, 47 (1): 1–19.

[152] Horkheimer M. Critical Theory [M]. New York: Seabury Pre–ss, 1982.

[153] Huffman W., Rousu M., Shogren J. and Tegene A. The Effects of Prior Beliefs and Learning on Consumers'Acceptance of Genetically Modified Foods [J]. Journal of Economic Behavior & Organization, 2007, 63 (1): 193–206.

[154] Hughes A. and Reimer S. (eds.) Geographics of Commodity Chains [M]. London: Routledge/Taylor & Francis, 2004.

[155] Hughes A. Retailers, Knowledges and Changing Commodity

Networks: The Case of the Cut Flower Trade [J]. Geoforum, 2000, 31 (2): 175–190.

[156] Hughes A. Retail Restructuring and the Strategic Significance of Food Retailers'Own–Labels: A UK–USA Comparison [J]. Environment & Planning A, 1996, 28 (12): 2201.

[157] Hunt S. and Frewer L. Trust in Sources of Information about Genetically Modified Food Risks in the U.K. [J]. British Food Journal, 2001, 103 (1): 46–63.

[158] IBM. IBM Survey Reveals Erosion of Trust and Confidence in Food Retailers and Manufacturers Grows Internationally [EB/OL]. http: //www–03.ibm.com/press/us/en/pressrelease/26268.wss, 2010.

[159] Ilbery B. and Maye D. Food Supply Chains and Sustainability: Evidence from Specialist Food Producers in the Scottish/English Borders [J]. Land use Policy, 2005b, 22 (4): 331–344.

[160] Ilbery B. and Maye D. Alternative (Shorter) Food Supply Chains and Specialist Livestock Products in the Scottish–English Borders [J]. Environment and Planning A, 2005a (37): 823–844.

[161] Ilbery B., Morris C., Buller H., Maye D. and Kneafsey M. Product, Process and Place: An Examination of Food Marketing and Labelling Schemes in Europe and North America [J]. European Urban & Regional Studies, 2005, 12 (2): 116–132.

[162] Ilbery B. and Kneafsey M. Registering Regional Speciality Food and Drink Products in the United Kingdom: The Case of PDOs and PGIs [J]. Area, 2000b, 32 (3): 317–325.

[163] Ilbery B. and Kneafsey M. Producers Constructions of Quality in Regional Speciality Food Production: A Case Study from South West England [J]. Journal of Rural Studies, 2000a, 16 (2): 217–230.

[164] Ilbery B. and Kneafsey M. Product and Place: Promoting Quality Products and Services in the Lagging Rural Regions of the European Union [J]. European Urban & Regional Studies, 1998, 5 (4): 329–341.

[165] Ilbery B. and Kneafsey M. Niche Markets and Regional Speciality Food Products in Europe: Towards a Research Agenda [J]. Environment & Planning A, 1999, 31 (12): 2207–2222.

[166] Jackson P., Ward N. and Russell P. Mobilising the Commodity Chain Concept in the Politics of Food and Farming [J]. Journal of Rural Studies, 2006, 22 (2): 129–141.

[167] Jeppesen L. and Molin M. Consumers as Co –Developers: Learning and Innovation outside the Firm [J]. Technology Analysis & Strategic Management, 2003, 15 (3): 363–383.

[168] Johnson R. The Story so Far: And further Transformations? [J]. in Introduction to Contemporary Cultural Studies. ed. by Punter D. London: Longman, 1996: 277–313.

[169] Jovchelovitch S. and Gervais M. Social Representations of Health and Illness: The Case of the Chinese Community in England [J]. Journal of Community & Applied Social Psychology, 1999, 9 (4): 247–260.

[170] Juran J. and Godfrey B. Juran's Quality Handbook. 5th edn [M]. New York: McGraw–Hill, 1999.

[171] Juran J. Quality Control Handbook. 1st edn [M]. New York: McGraw–Hill, 1951.

[172] Juska A., Lourdes G., Gabriel J. and Koneck S. Negotiating Bacteriological Meat Contamination Standards: The Case of E. Coli O157: H7 [J]. Sociologia Ruralis, 2000, 40 (2): 249–271.

[173] Juska A. and Busch L. The Production of Knowledge and

Production of Commodities: The Case of Rapeseed Technoscience [J]. Rural Sociology, 1994, 59 (4): 581-597.

[174] Kaplan B. and Maxwell J. Qualitative Research Methods for Evaluating Computer Information Systems [J]. in Evaluating Health Care Information Systems: Methods and Applications. ed. by Anderson J., Aydin C. and Jay S. Thousand Oaks, CA: Sage: 1994: 45-68.

[175] Keidel A. China's Economic Fluctuations: Implications for its Rural Economy [J]. 1779 Massachusetts Avenue, NW: Carnegie Endowment for International Peace, 2007.

[176] Kitchin R. and Tate N. Conducting Research into Human Geography: Theory, Methodology and Practice [M]. London: Prentice Hall, 2000.

[177] Kneafsey M., Holloway L., Venn L., Cox R., Dowler E. and Tuomainen H. Reconnecting Consumers, Producers and Food [M]. Oxford: Berg, 2008.

[178] Kneller G. Movement of Thought in Modern Education [M]. New York: John Wiley, 1984.

[179] Kotler P. and Keller K. Marketing Management. 12th edn [M]. New Jersey: Prentice Hall, 2006.

[180] Krippner G. The Elusive Market: Embeddedness and the Paradigm of Economic Sociology [J]. Theory & Society, 2001, 30 (6): 775-810.

[181] Kuznesof S., Tergear A. and Moxey A. Regional Foods: A Consumer Perspective [J]. British Food Journal, 1997, 99 (6): 199-206.

[182] Kvale S. Interviews: An Introduction to Qualitative Research Interviewing [M]. London: Sage, 1996.

[183] Lamprinopoulou C., Tregear A. and Ness M. Agrifood SMEs in

Greece: The Role of Collective Action [J]. British Food Journal, 2006, 108 (8): 663-676.

[184] Lancaster K. Variety, Equity and Efficiency [M]. Oxford: Basil Blackwell, 1979.

[185] Lang T. and Wiggins P. The Industrialisation of the UK Food System: From Production to Consumption [J]. in The Industrialisation of the Countryside. ed. by Healey M. and Ilbery B. [M]. Norwich: Geo Books, 1985: 45-56.

[186] Larner W. and Le Heron R. From Economic Globalisation to Globalising Economic Processes: Towards Post -Structural Political Economies [J]. Geoforum, 2002, 33 (4): 415-419.

[187] Latour B. Science in Action: How to Follow Scientists and Engineers through Society [M]. Cambridge M.A.: Harvard University Press, 1987.

[188] Law J. Organising Modernity [M]. Oxford: Basil Blackwell, 1994.

[189] Lee M. and Bankston W. Political Structure, Economic Inequality and Homicide: A Cross -National Analysis [J]. Deviant Behavior, 1999, 20 (1): 27-55.

[190] Leslie D. and Reimer S. Spatializing Commodity Chains [J]. Progress in Human Geography, 1999, 23 (3): 401-420.

[191] Levitt T. Marketing Myopia [J]. Harvard Business Review, 1960, 38 (4): 45-56.

[192] Lewins A. and Silver C. Using Software in Qualitative Research: A Step-by-Step Guide [M]. London: Sage, 2007.

[193] Lewis D. Convention: A Philosophical Study [M]. Cambridge, Mass: Harvard, 1969.

[194] Lewis J. and Ritchie J. Generalising from Qualitative Research [J]. in Qualitative Research Practice: A Guide for Social Science Students and Reseachers. ed. by Lewis J. and Ritchie J. London: Sage, 2003: 263-286.

[195] Lincoln Y. and Guba E. Naturalistic Inquiry. Beverly Hills: Sage, 1985.

[196] Lindlof T. and Taylor B. Qualitative Communication Research Methods. 2nd edn [M]. Thousand Oaks, CA: Sage, 2002.

[197] Liu L. Quality of Life as a Social Representation in China: A Qualitative Study [J]. Social Indicators Research, 2006 (75): 217-240.

[198] Lockie S. and Halpin D. The "Conventionalisation" Thesis Reconsidered: Structural and Ideological Transformation of Australian Organic Agriculture [J]. Sociologia Ruralis, 2005, 45 (4): 284-307.

[199] Lockie S. "the Invisible Mouth": Mobilizing "the Consumer" in Food Production-Consumption Networks [J]. Sociologia Ruralis, 2002, 42 (4): 278-294.

[200] Lockie S. Food, Place and Identity: Consuming Australia's "Beef Capital" [J]. Journal of Sociology, 2001, 37 (3): 239-255.

[201] Lockie S. and Kitto S. Beyond the Farm Gate: Production-Consumption Networks and Agri-Food Research [J]. Sociologia Ruralis, 2000, 40 (1): 3-19.

[202] Logothetis N. Managing of Total Quality [M]. London: Prentice Hall International, 1992.

[203] Loureiro M. and McCluskey J. Assessing Consumer Response to Protected Geographical Identification Labeling [J]. Agribusiness, 2000, 16 (3): 309-320.

[204] MacKenzie D. The Green Consumer [J]. Food Policy, 1990,

15 (6): 461-466.

[205] MacLeod C. Chinese Say U.S. Shares Blame in Food Scandal [EB/OL] . http: //www.usatoday.com/money/industries/food/2007-05-25-china-food-scandal_N.htm, 2010.

[206] Macnaghten P. and Urry J. Contested Natures [M]. London: Sage, 1998.

[207] Macnaghten P. and Urry J. Towards a Sociology of Nature[J]. Sociology, 1995, 29 (2): 203-220.

[208] Mannion A. and Bowlby S. Introduction [J]. in Environmental Issues in the 1990s. ed. by Mannion A. and Bowlby S. New York: Wiley-Blackwell, 1992: 3-20.

[209] Mansfield B. Fish, Factory Trawlers and Limitation Crab: The Nature of Quality in the Seafood Industry [J]. Journal of Rural Studies, 2003b, 19 (1): 9-21.

[210] Mansfield B. Spatializing Globalization: A "Geography of Quality" in the Seafood Industry [J]. Economic Geography, 2003a, 79 (1): 1-16.

[211] Marsden T. and Smith E. Ecological Entrepreneurship: Sustainable Development in Local Communities through Quality Food Production and Local Branding [J]. Geoforum, 2005, 36 (4): 440-445.

[212] Marsden T. Theorising Food Quality: Some Issues in Understanding its Competitive Production and Regulation [J]. in Qualities of Food. ed. by Harvey M., McMeekin A. and Warde A. Manchester: Manchester University Press, 2004: 129-155.

[213] Marsden T., Flynn A. and Harrison M. Consuming Interests: The Social Provision of Foods [M]. London: University of London Press, 2000b.

[214] Marsden T., Banks J. and Bristow G. Food Supply Chain Approaches: Exploring their Role in Rural Development [J]. Sociologia Ruralis, 2000a, 40 (4): 424–438.

[215] Marsden T. Food Matters and the Matter of Food: Towards a New Food Governance? [J]. Sociologia Ruralis, 2000, 40 (1): 20–29.

[216] Marsden T. Agriculture Beyond the Treadmill? Issues for Policy, Theory and Research Practice [J]. Progress in Human Geography, 1998, 22 (2): 265–275.

[217] Marsden T., Munton R., Ward N. and Whatmore S. Agricultural Geography and the Political Economy Approach: A Review [J]. Economic Geography, 1996, 72 (4): 361–375.

[218] Marsden T. and Arce A. Constructing Quality: Emerging Food Networks in the Rural Transition[J]. Environment and Planning A, 1995, 27 (8): 1261–1279.

[219] Marsden T., Lowe P., Munton R. and Flynn A. Constructing the Countryside [M]. London: UCL Press, 1993.

[220] Marsden T. Exploring a Rural Sociology for the Fordist Transition: Incorporating Social Relations into Economic Restructuring [J]. Sociologia Ruralis, 1992, 32 (2): 209–230.

[221] Marsden T. Exploring Political Economy Approaches in Agriculture [J]. Area, 1988, 20 (4): 315–322.

[222] Marsden T., Harrison M. and Flynn A. Creating Competitive Space: Exploring the Social and Political Maintenance of Retail Power [J]. Environment & Planning A, 1998, 30 (3): 481.

[223] Martin P. and Turner B. Grounded Theory and Organizational Research [J]. The Journal of Applied Behavioral Science, 1986, 22 (2): 141–157.

[224] Marx K. Contribution to the Critique of Political Economy (Reprint) [M]. London: Lawrence and Wishart, 1958.

[225] Maye D., Holloway L. and Kneafsey M. Alternative Food Geographies: Representation and Practice [M]. Oxford: Elsevier, 2007.

[226] Maye D. and Ilbery B. Regional Economies of Local Food Production Tracing Food Chain Links between "Specialist" Producers and Intermediaries in the Scottish-English Borders [J]. European Urban & Regional Studies, 2006, 13 (4): 337-354.

[227] McMillan J., Whalley J. and Zhu L. The Impact of China's Economic Reforms on Agricultural Productivity Growth [J]. Journal of Political Economy, 1989, 97 (4): 781-807.

[228] Mennell S. All Manners of Food: Eating and Taste in England and France from the Middle Ages to the Present [M]. Urbana: University of Illionis Press, 1996.

[229] Mensah L. and Julien D. Implementation of Food Safety Management Systems in the UK [J]. Food Control, 2011 (22): 1216-1225.

[230] Miele M. and Murdoch J. The Practical Aesthetics of Traditional Cuisines: Slow Food in Tuscany [J]. Sociologia Ruralis, 2002, 42 (4): 312-329.

[231] Miller D. and Salkind N. Handbook of Research Design and Social Measurement. 6th edn [M]. London: Sage, 2002.

[232] Millstone E. and Lang T. (eds.) The Atlas of Food [M]. London: Earthscan, 2003.

[233] Ministry of Agriculture. Main Functions of the Ministry of Agriculture [EB/OL]. http://english.agri.gov.cn/ga/amoa/mandates/, 2010.

[234] Mitchell D., Ingco M. and Duncan R. The World Food Outlook [M]. Cambridge: Cambridge University Press, 1997.

[235] Mohan J. Geographies of Welfare and Social Exclusion: Dimensions, Consequences and Methods [J]. Progress in Human Geography, 2002, 26 (1): 65-75.

[236] Moore G. Research Methods for International Relations Studies: Assembling an Effective Toolkit [J]. in Handbook of International Relations. ed. by Wang G. Beijing: RenMing University Press, 2010.

[237] Moran W., Blunden G. and Greenwood J. The Role of Family Farming in Agrarian Change[J]. Progress in Human Geography, 1993, 17 (1): 22-42.

[238] Morgan K., Marsden T. and Murdoch J. Localized Quality in Tuscany [J]. in Worlds of Food: Place Power and Provenance in the Food Chain. ed. by Morgan K., Marsden T. and Murdoch J. Oxford: Oxford University Express, 2006: 89-108.

[239] Morgan K. and Murdoch J. Organic Vs. Conventional Agriculture: Knowledge, Power and Innovation in the Food Chain [J]. Geoforum, 2000, 31 (2): 159-173.

[240] Morris C. and Young C. New Geographies of Agro -Food Chains: An Analysis of UK Quality Assurance Schemes [J]. in Geographies of Commodity Chains. ed. by Hughes A. and Reimer S. London: Routledge, 2004: 83-101.

[241] Morris C. and Young C. "Seed to Shelf", "Teat to Table", "Barley to Beer" and "Womb to Tomb": Discourses of Food Quality and Quality Assurance Schemes in the U.K. [J]. Journal of Rural Studies, 2000, 16 (1): 103-115.

[242] Mulgan G. The Power of the Weak [J]. in New Times: The Changing Face of Politics in the 1990s. ed. by Hall S. and Jacques M. London: Lawrence and Wishart, 1989.

[243] Murdoch J. and Miele M. A New Aesthetic of Food? Relational Reflexivity in the "Alternative" Food Movement [J]. in Qualities of Food. ed. by Harvey M., McMeekin A., and Warde A. Manchester and New York: Manchester University Press, 2004: 156–175.

[244] Murdoch J. Ecologising Sociology: Actor–Network Theory, Co–Construction and the Problem of Human Exemptionalism [J]. Sociology, 2001, 35 (1): 111–133.

[245] Murdoch J. Networks—A New Paradigm of Rural Development? [J]. Journal of Rural Studies, 2000, 16 (4): 407–419.

[246] Murdoch J., Marsden T. and Banks J. Quality, Nature and Embeddedness: Some Theoretical Consideration in the Context of the Food Sector [J]. Economic Geography, 2000, 76 (2): 107–125.

[247] Murdoch J. and Miele M. Back to Nature: Changing "Worlds of Production" in the Food Sector [J]. Sociologia Ruralis, 1999, 39 (4): 465–483.

[248] Murdoch J. The Space of Actor–Network Theory [J]. Geo–forum, 1998, 29 (4): 357–374.

[249] Murdoch J. Towards a Geography of Heterogeneous Associations [J]. Progress in Human Geography, 1997b, 21 (3): 321–337.

[250] Murdoch J. Inhuman/Nonhuman/Human: Actor–Network Theory and the Prospects for a Nondualistic and Symmetrical Perspective on Nature and Society[J]. Environment and Planning D, 1997a, 15 (6): 731–756.

[251] Murdoch J. Actor–Networks and the Evolution of Economic Forms: Combining Description and Explanation in Theories of Regulation, Flexible Specialization and Networks [J]. Environment & Planning A, 1995, 27 (5): 731–757.

[252] Murdoch J. Some Comments on "Nature" and "Society" in the

Political Economy of Food [J]. Review of International Political Economy, 1994, 1 (3): 571-577.

[253] Myers M. Qualitative Research in Information Systems [J]. MISQ, 1997, 21 (2): 241-243.

[254] National Research Council. Strategic Planning for the Florida Citrus Industry: Addressing Citrus Greening Disease (Huanglongbing) [M]. Washington D. C.: The National Academeies Press, 2010.

[255] Negrini R., Nicoloso L., Crepaldi P., Milanesi E., Marino R., Perini D., Pariset L., Dunner S., Leveziel H., Williams J. and Marsan P. Traceability of Four European Protected Geographic Indication (PGI) Beef Products using Single Nucleotide Polymorphisms (SNP) and Bayesian Statistics[J]. Meat Science, 2008, 80 (4): 1212-1217.

[256] Nelson R. Risk Management Behaviour by the Northern Ireland Food Consumer [J]. International Journal of Consumer Studies, 2004, 28 (2): 186-193.

[257] Ngige J. and Wagacha J. The International Workshop on Markets, Rights and Equity: Rethinking Agricultural Standards in a Shrinking World. "Impact of Food and Agricultural Standards on Producers, Processors, Workers, Retailers and Consumers with Respect to International Trade: A Case Study". held October31-November 1 at East Lansing, MI [R]. 1999.

[258] Nichols P. Social Survey Methods [M]. Oxford: Oxfam, 1991.

[259] Nygard B. and Storstad O. De-Globalisation of Food Markets? Consumer Perception of Safe Food: The Case of Norway [J]. Sociologia Ruralis, 1998, 38 (1): 35-53.

[260] Nykiel R. Handbook of Marketing Research Methodologies for Hospitality and Tourism. Binghamton [M]. New York: The Haworth

Hospitality & Tourism Press, 2007.

[261] O'Reilly S. and Haines M. Marketing Quality Food Products—A Comparison of Two SME Marketing Networks[J]. Food Economics, 2004 (1): 137-150.

[262] Orlikowski W. and Baroudi J. Studying Information Technology in Organizations: Research Approaches and Assumptions [J]. Information Systems Research, 1991, 2 (1): 1-28.

[263] Ortega D., Wang H., Wu L., and Olynk N. Modeling Heterogeneity in Consumer Preferences for Select Food Safety Attributes in China [J]. Food Policy, 2011, 36 (2): 318-324.

[264] Ouyang H. A Report of Consumer Confidence on Food Safety: 2010-2011 in Xiao Kang [J]. Jan., 2011: 35-38.

[265] Overton J. and Heitger J. Maps, Markets and Merlot: The Making of an Antipodean Wine Appellation [J]. Journal of Rural Studies, 2008, 24 (4): 440-449.

[266] Padgett D. Qualitative Methods in Social Work Research. 2nd edn [M]. London: Sage, 2008.

[267] Pagano P. An Empirical Investigation of the Relationship bet-ween Inequality and Growth [EB/OL]. http://www.bancaditalia.it/pubblicazioni/econo/temidi/td04/td536_04/td536en/en_tema_536.pdf, 2010.

[268] Page B. Restructuring Pork Production, Remaking Rural Iowa [J]. in Globalising Food: Agrarian Questions and Global Restructuring. ed. by Goodman D. and Watts M. London: Routledge, 1997: 133-157.

[269] Page B. Across the Great Divide: Agriculture and Industrial Geography [J]. Economic Geography, 1996, 72 (4): 376-397.

[270] Parrott N., Wilson N. and Murdoch J. Spatializing Quality: Regional Protection and the Alternative Geography of Food [J]. European

Urban & Regional Studies, 2002, 9 (3): 241–261.

[271] Patton M. Qualitative Research & Evaluation Methods. 3rd edn [M]. London: Sage, 2002.

[272] Perotti R. Growth, Income Distribution and Democracy: What the Data Say [J]. Journal of Economic Growth, 1996, 1 (2): 149–187.

[273] Ponte S. and Gibbon P. Quality Standards, Conventions and the Governance of Global Value Chains [J]. Economy and Society, 2005, 34 (1): 1–31.

[274] Porter M. Competitive Advantage [M]. New York: The Free Press, 1985.

[275] Prokosh N. Tea and Chinese Culture [J]. Harvard Asia Pacific Review, 2004, 2 (7): 12–13.

[276] Reid M., Li E., Bruwer J. and Grunert K. Food–Related Lifestyles in a Crosscultural Context: Comparing Australia with Singapore, Britain, France and Denmark. [J]. Journal of Food Products Marketing, 2001, 7 (4): 57–75.

[277] Renard M. Quality Certification, Regulation and Power in Fair Trade [J]. Journal of Rural Studies, 2005, 21 (4): 419–431.

[278] Renard M. Fair Trade: Quality, Market and Conventions[J]. Journal of Rural Studies, 2003, 19 (1): 87–96.

[279] Renting H., Marsden T. and Banks J. Understanding Alternative Food Networks: Exploring the Role of Short Food Supply Chains in Rural Development[J]. Environment & Planning A, 2003, 35 (3): 393–411.

[280] Roberts D. and Engardio P. Secrets, Lies and Sweatshops [J]. Business Week November, 2006 (27): 50–58.

[281] Robinson G. M. Geographies of Agriculture: Globalisation,

Restructuring and Sustainability. Harlow: Prentice Hall, 2003.

[282] Roth A., Tsay A., Pullman M. and Gray J. Unraveling the Food Supply Chain: Strategic Insights from China and the 2007 Recalls [J]. Journal of Supply Chain Management, 2008, 44 (1): 22–39.

[283] Rubin H. and Rubin I. Qualitative Interviewing: The Art of Hearing Data [M]. Thousand Oaks, CA: Sage, 1995.

[284] Sage C. Social Embeddedness and Relations of Regard: Alternative "Good Food" Networks in South–West Ireland [J]. Journal of Rural Studies, 2003, 19 (1): 47–60.

[285] Salais R. and Storper M. The Four "Worlds" of Contemporary Industry [J]. Cambridge Journal of Economics, 1992, 16 (2): 169–193.

[286] Sarantakos S. Social Research. 3rd edn [M]. New York: Palgrave Macmillan, 2005.

[287] Schaeffer R. Standardization, GATT and the Fresh Food System [J]. International Journal of Sociology of Agriculture and Food, 1993, 3 (1): 71–81.

[288] Scheurich J. A Postmodernist Critique of Research Interviewing [J]. International Journal of Qualitative Studies in Education, 1995, 8 (3): 239–252.

[289] Schwandt T. Three Epistemological Stances for Qualitative Enquiry; Interpretivism, Hermeneutics and Social Constructionism [J]. in Handbook of Qualitative Research. ed. by Denzin N. and Lincoln Y. London: Sage, 2000: 189–213.

[290] Shadish W. Philosophy of Science and the Quantitative – Qualitative Debates: Thirteen Common Errors [J]. Evaluation and Program Planning, 1995, 18 (1): 63–75.

[291] Shine A., O'Reilly S. and O'Sullivan K. Consumer use of

Nutritional Labelling [J]. British Food Journal, 1997, 99 (8): 290-296.

[292] Slee B. and Kirwan J. 105th EAAE Seminar on International Marketing and International Trade of Quality Food Products. "Exploring Hybridity in Food Supply Chains". Held 8-10, March at Bologna [R]. 2007.

[293] Smith S. Positivism and Beyond [J]. in International Theory: Positivism and Beyond. ed. by Smith S., Booth K. and Zalewski M. [M]. New York: Cambridge University Press, 1996: 11-46.

[294] Smithers J., Lamarche J. and Joseph A. Unpacking the Terms of Engagement with Local Food at Farmers' Market: Insights from Ontario [J]. Journal of Rural Studies, 2008, 24 (3): 337-350.

[295] Snape D. and Spencer L. The Foundations of Qualitative Research [J]. in Qualitative Research Practice-a Guide for Social Science Students and Researchers. ed. by Rithie J. and Lewis J. London: Sage Publications, 2003: 1-23.

[296] Soil Association. Organic Market Report 2010 [EB/OL]. http: //www.soilassociation.org/LinkClick.aspx? fileticket=bTXno01MTtM=&tabid=116, 2012.

[297] Song S. and Chen A. China's Rural Economy after WTO: Problems and Strategies [J]. in China's Rural Economy After WTO: Problems and Strategies. ed. by Song S. and Chen A. Hampshire, England: Ashgate publishing Limited, 2006: 3-10.

[298] Sood C., Jaggi S., Kumar V., Ravindranath S. and Shanker A. How Manufacturing Processes Affect the Level of Pesticide Residues in Tea [J]. Journal of the Science of Food and Agriculture, 2004 (84): 2123-2127.

[299] Soper K. What is Nature? [M]. Oxford: Blackwell, 1995.

[300] Spencer L., Ritchie J. and O'connor W. Analysis: Practice, Principles and Processes [J]. in Qualitative Research Practice: A Guide for Social Science Students and Researchers. ed. by Lewis J. and Ritchie J. London: Sage, 2003: 199–218.

[301] Stake R. Qualitative Case Study [J]. in The Sage Handbook of Qualitative Research. ed. by Denzin N. and Lincoln Y. London: Sage, 2005: 443–466.

[302] Stake R. The Art of Case Research [M]. Thousand Oaks, CA: Sage, 1995.

[303] Stassart P. and Whatmore S. Metabolising Risk: Food Scares and the Un/Re–Making of Belgian Beef [J]. Environment & Planning A, 2003, 35 (3): 449–462.

[304] State Administration for Industry and Commerce of P.R.C. Mission [EB/OL]. http://www.saic.gov.cn/english/aboutus/Mission, 2010.

[305] State Food and Drag Administration, P.R.C. Main Responsibilities [EB/OL]. http: //eng.sfda.gov.cn/WS03/CL0756/, 2012.

[306] State Food and Drag Administration, P.R.C. Organisational Chart [EB/OL]. http: //eng.sfda.gov.cn/WS03/CL0763, 2012.

[307] Storper M. The Regional World: Territorial Development in a Global Economy [M]. London: The Guildford Press, 1997.

[308] Storper M. and Salais R. Worlds of Production: The Action Frameworks of the Economy [M]. Cambridge M. A. and London: Harvard University Press, 1997.

[309] Sung Y. Consumer Learning Behavior in Choosing Electric Motorcycles [J]. Transportation Planning and Technology, 2010, 33 (2): 139–155.

[310] Tam W. and Yang D. Food Safety and the Development of

Regulatory Institutions in China [J]. Asian Perspective, 2005, 29 (4): 5-36.

[311] Tansey G. and Worsley T. The Food System: A Guide [M]. London: Earthscan, 1995.

[312] Tarrant J. Agricultural Geography [M]. Newton Abbot: David and Charles, 1974.

[313] Taylor A., Coveney J., Ward P., Dal Grande E., Mamerowb L., Henderson J. and Meyer S. The Australian Food and Trust Survey: Demographic Indicators Associated with Food Safety and Quality Concerns [J]. Food Control, 2012, 25 (2): 476-483.

[314] Teil G. and Hennion A. Discovering Quality Or Performing Taste? A Sociology of the Amateur[J]. in Qualities of Food. ed. by Harvey M., McMeekin A. and Warde A. Manchester and New York: Manchester University Press, 2004: 19-37.

[315] Tellis W. Introduction to Case Study [J]. The Qualitative Report, 1997, 3 (2): 1-5.

[316] The Food Standards Agency. Role of the Agency [EB/OL]. http: //www.food.gov.uk/safereating/, 2011.

[317] The Parma Ham Consortium. "Parma Ham" Designation of Origin Specifications and Dossier [EB/OL]. http: //www.prosciuttodiparma.com/ned/download/guarantee-specifications.pdf, 2010.

[318] Thevenot L., Moody M. and Lafaye C. Forms of Valuing Nature: Arguments and Modes of Justification in French and American Environmental Disputes [J]. in Rethinking Comparative Cultural Sociology: Repertoires of Evaluation in France and the United States. ed. by Lamont M. and Thevenot L. Cambridge: Cambridge University Press, 2000: 229-272.

[319] Thomas R. W. and Huggett R. J. Modelling in Geography: A Mathematical Approach [M]. London: Harper & Row, 1980.

[320] Tocqueville A. Democacy in America. trans. by Grant S. Indianapolis [M]. Indiana: Hackett Publishing Company, 2000.

[321] Tovey H. Food, Environmentalism and Rural Sociology: On the Organic Farming Movement in Ireland [J]. Sociologia Ruralis, 1997, 37 (1): 21–37.

[322] Trademark office. Trademark Law of the People's Republic of China [EB/OL]. http: //sbj.saic.gov.cn/english/show.asp? id=47&bm=flfg, 2003.

[323] Tregear A., Arfini F., Belletti G. and Marescotti A. Regional Foods and Rural Development: The Role of Product Qualification [J]. Journal of Rural Studies, 2007, 23 (1): 12–22.

[324] Tregear A. From Stilton to Vimto: Using Food History to Re–Think Typical Products in Rural Development [J]. Sociologia Ruralis, 2003, 43 (2): 91–107.

[325] Ulin R. Work as Cultural Production: Labour and Self–identity among Southwest French Wine –Growers [J]. Journal of the Royal Anthropological Institute Inst. (n.s.), 2002 (8): 691–712.

[326] United State Patent and Trademark office. Trademark FAQs [EB/OL]. http: //www.uspto.gov/faq/trademarks.jsp, 2010.

[327] Valentine G. In–Corporations: Food, Bodies and Organizations [J]. Body and Society, 2002, 8 (2): 1–20.

[328] Van der Ploeg J., Renting H., Brunori G., Knickel K., Mannion J., Marsden T., de Roest K. and Sevilla–Guzmán E. V. F. Rural Development: From Practices and Policies towards Theory [J]. Sociologia Ruralis, 2000, 40 (4): 391–408.

[329] Vaughan D. Theory Elaboration: The Heuristics of Case Analysis [J]. in What is a Case? Exploring the Foundations of Social Inquiry. ed. by Ragin C. and Becker H. Cambridge: Cambridge University Press, 1992: 173-202.

[330] Veeck A. and Burns A. Changing Tastes: The Adoption of New Food Choices in Post-Reform China [J]. Journal of Business Research, 2005, 58 (5): 644-652.

[331] Veeck A. Consumer Response to Changing Food Systems in Urban China [J]. Advances in Consumer Research, 2003 (30): 142.

[332] Venn L., Kneafsey M., Holloway L., Cox R., Dowler E. and Tuomainen H. Researching European "Alternative" Food Networks: Some Methodological Considerations [J]. Area, 2006, 38 (3): 248-258.

[333] Vidich A. and Lyman S. Qualitative Methods: Their History in Sociology and Anthropology [J]. in Handbook of Qualitative Research (Second Eds.). ed. by Denzin N. and Lincoln Y. Thousand Oaks: Sage, 2000: 37-84.

[334] Vittori M. The International Debate on Geographical Indications (GIs): The Point of View of the Global Coalition of GI Products—oriGIn [J]. The Journal of World Intellectual Property, 2010, 13 (2): 304-314.

[335] Wan G. and Chen E. A Micro-Empirical Analysis of Land Fragmentation and Scale Economies in Rural China [J]. in China's Agriculture at the Crossroads. ed. by Yang Y. and Tian W. London: Macmillan, 2000: 131-147.

[336] Wang X. and Kireeva I. Protection of Geographical Indications in China: Conflicts, Causes and Solutions [J]. The Journal of World Intellectual Property, 2007, 10 (2): 79-96.

[337] Warde A. Consumption, Food and Taste: Culinary Antimonies

and Commodity Culture. London: Sage, 1997.

[338] Watts D., Ilbery B. and Maye D. Making Reconnections in Agro–Food Geography: Alternative Systems of Food Provision [J]. Progress in Human Geography, 2005, 29 (1): 22–40.

[339] Watts M. and Goodman D. Agrarian Questions: Global Appetite, Local Metabolism: Nature, Culture and Industry in Fin–De–Siecle Agro–Food Systems [J]. in Globalizing Food, Agrarian Questions and Global Restructuring. ed. by Goodman D. and Watts M. Dordrecht: Routledge, 1997: 1–34.

[340] Weatherell C., Tregear A. and Allinson J. In Search of the Concerned Consumer: UK Public Perceptions of Food, Farming and Buying Local [J]. Journal of Rural Studies, 2003, 19 (2): 233–244.

[341] Whatmore S., Stassart P. and Renting H. What' s Alternative about Alternative Food Networks? [J]. Environment & Planning A, 2003, 35 (3): 389–391.

[342] Whatmore S. Hybrid Geographies: Natures Cultures Spaces [M]. London: Sage, 2002.

[343] Whatmore S. and Thorne L. Nourshing Networks: Alternative Geographies of Food [J]. in Globalising Food: Agrarian Questions and Global Restructuring. ed. by Goodman D. and Watts M. J. London and New York: Routledge, 1997: 287–304.

[344] Whatmore S. From Farming to Agri–Business [J]. in Geogr–aphies of Global Change. ed. by Johnston R., Taylor P. and Watts M. Oxford: Blackwell, 1994: 36–49.

[345] White C., Woodfield K. and Ritchie J. Reporting and Presenting Qualitative Data [J]. in Qualitative Research Practice: A Guide for Social Science Students and Researchers. ed. by Lewis J. and Ritchie

J. London: Sage, 2003: 287-320.

[346] Wilkinson R. and Pickett K. The Spirit Level: Why More Equal Societies almost always do Better [M]. London: Allen Lane, 2009.

[347] Williams J. Understanding the Overuse of Chemical Fertiliser in China: A Synthesis of Historic Trends, Recent Studies and Field Experiences [EB/OL]. http://forestry.msu.edu/china/new% 20folder/jo_fertiliser.pdf, 2010.

[348] Wineyard Intelligence. Bordeaux Vineyards Average Market Value 1991-2010 [EB/OL]. http://www.vineyardintelligence.com/assets/files/SAFER%20vineyard%20prices.pdf, 2012.

[349] Winter M. Geographies of Food: Agro-Food Geographies - Making Reconnections [J]. Progress in Human Geography, 2003b, 27 (4): 505-513.

[350] Winter M. Embeddedness, the New Food Economy and Defensive Localism [J]. Journal of Rural Studies, 2003a, 19 (1): 23-32.

[351] Worcester R. More than Money [J]. in The Good Life. ed. by Christie I. and Nash L. London: Demos Publication, 1998: 21-30.

[352] World Bank. Gross Domestic Product 2010 [EB/OL]. http://siteresources.worldbank.org/DATASTATISTICS/Resources/GDP.pdf, 2011.

[353] World Bank. Gross National Income per Capita 2010, Atlas Method and PPP [EB/OL]. http://siteresources.worldbank.org/DATASTATISTICS/Resources/GNIPC.pdf, 2012.

[354] World Bank. China's Compliance with Food Safety Requirements for Fruits and Vegetables: Promoting Food Safety, Competitiveness and Poverty Reduction [M]. BeiJing and Washington D.C.: World Bank and China Agriculture Press, 2006.

[355] World Bank. GNI per Capita 2001, Atlas Method and PPP

[EB/OL]. http://siteresources.worldbank.org/ICPINT/Resources/GNIPC.pdf, 2012.

[356] World Intellectual Property Organization. The Lisbon Agreement for the Protection of Appellations of Origin and their International Registration 1958 [EB/OL]. http: //www.wipo.int/lisbon/en/legal_texts/lisbon_agreement.htm#P22_1099, 2010.

[357] World Intellectual Property Organization. Madrid Agreement for the Repression of False or Deceptive Indications of Source on Goods [EB/OL]. http://www.wipo.int/treaties/en/ip/madrid/trtdocs_wo032.html#P24_540, 2010.

[358] World Intellectual Property Organization. WIPO Intellectual Property Handbook: Policy, Law and use [M]. Switzerland: World Intellectual Property Organization, 2004.

[359] World Intellectual Property Organization. Intellectual Property Reading Material [M]. Geneva: World Intellectual Property Organization, 1998.

[360] World Trade Organization Trips: Agreement on Trade-Related Aspects of Intellectual Property Rights [EB/OL]. http: //www.wto.org/english/tratop_e/trips_e/t_agm3b_e.htm#3, 2009.

[361] XinHua News. China has 80m Middle Class Members [EB/OL]. http: //www.chinadaily.com.cn/bizchina/2007-06/21/content_899488.htm, 2010.

[362] Yarwood R. Countryside Conflicts [M]. Geographical Asso-ciation, Sheffield, 2002.

[363] Yin R. Case Study Research: Design and Methods. 4th edn [M]. London: Sage, 2009.

[364] Yin R. Case Study Research: Design and Methods. 3rd edn [M]. Newbury Park: Sage, 2003.

[365] 北京中郡世纪地理标志研究所课题组. 第二次全国地理标志调研报告 [EB/OL]. http://district. ce.cn/zg/201101/15/t20110115_22143582.shtml, 2011-01-15.

[366] 程红亮. 婺源茶叶史话 [J]. 农业考古, 2006 (2).

[367] 董俊. 浅析赣南脐橙深度发展存在的问题及对策 [J]. 经济视角, 2008 (10).

[368] 方治军等. 江西不同产地南丰蜜橘果实品质分析 [J]. 中国南方果树, 2009 (3).

[369] 傅治平, 李一鸣, 宋可玉. 经济转型与政府角色定位 [M]. 北京: 中国国家行政学院出版社, 2011.

[370] 抚州市人民政府. 南丰蜜橘产业发展规划 [EB/OL]. http://xxgk.jxfz.gov.cn/nf/ bmgkxx/pwb_1/ fzgh/fzgh/200904/t20090427_535279.htm, 2009-04-27.

[371] 赣州市赣南脐橙电子市场. 市场信息 [EB/OL]. http://www.qcdzjy.com/, 2011-07-29.

[372] 赣州市脐橙协会. 赣州市脐橙协会规章 [EB/OL]. http://www.gnorange.com/orangexh/index. htm +% E8% B5% A3% E5% 8D% 97% E8%84%90%E6%A9%99%E5%8D%8F%E4%BC%9A&ct=clnk, 2005-06-25.

[373] 顾晓红. 婺源茶事通告浅谈 [J]. 农业考古, 2005 (2).

[374] 管曦, 邱彩华. 中国茶叶消费现状及其启示 [J]. 中国茶叶, 2011 (6).

[375] 国家卫生和计划生育委员会. 国家卫生和计划生育委员会主要职责、内设机构和人员编制规定 [EB/OL]. http://www.nhfpc.gov.cn/zhuzhan/jiguzz/201306/d21b93ba0b2843e0b5b7f5fff3257e68. shtml, 2013-06-17.

[376] 国家卫生计生委食品安全标准与监测评估司. 食品安全标准

与监测评估司主要职责 [EB/OL]. http://www.nhfpc.gov.cn/sps/pzyzz/lm.shtml, 2014-10.

[377] 国家质量监督检验检疫总局. 关于批准对容城绿芦笋、婺源绿茶、大方天麻、连南无核柠檬、张溪香芋实施地理标志产品保护的公告 [EB/OL]. http://www.aqsiq.gov.cn/zwgk/jlgg/ zjgg/2008/200811/t20081114 97325.htm, 2008-11-14.

[378] 国家质量监督检验检疫总局. 地理标志产品保护规定 [EB/OL]. http://www.aqsiq.gov.cn/zwgk/ jlgg/zjl/zjl20052006/200610/t20061027_12254.htm, 2006-10-27.

[379] 国家质量监督检验检疫总局, 中国国家标准委员会. 中华人民共和国国家标准: 地理标志产品——南丰蜜橘 (GB/T 19051-2008) [Z]. 中国国家标准, 2008.

[380] 国家质量监督检验检疫总局, 中国国家标准委员会. 中华人民共和国国家标准: 地理标志产品——赣南脐橙 (GB/T 20355-2006) [Z]. 中国国家标准, 2006.

[381] 国家质量监督检验检疫总局, 中国国家标准委员会. 中华人民共和国国家标准: 原产地域产品——南丰蜜橘 (GB 19051-2003) [Z]. 中国国家标准, 2003.

[382] 国家知识产权局. 2011 年国家知识产权战略实施推进计划 [EB/OL]. http://www.sipo.gov.cn/law s/developing/201104/t20110426_601292.html, 2011-04-26.

[383] 国家知识产权局. 集体商标, 证明商标注册和管理办法 [EB/OL]. http://www.sipo.gov.cn/sipo 2008/zcfg/flfg/sb/bmgz/200804/t2008043_369227.html, 2008-04-03.

[384] 郭梅枝. 农业产业化发展研究 [M]. 郑州: 郑州大学出版社, 2008.

[385] 洪涛, 杨艳. 婺源茶商的兴衰 [J]. 农业考古, 2009 (2).

[386] 胡峰. 1990 年以来的粮食价格水平波动研究 [J]. 中国粮食经济，2008（5）.

[387] 胡卓红. 农民专业合作社发展实证研究 [M]. 杭州：浙江大学出版社，2009.

[388] 黄传龙，祁春节，刘建芳. 2010 年赣州市赣南脐橙营销回顾与展望 [J]. 中国果业信息，2011（5）.

[389] 黄国安. 南丰蜜橘 [M]. 北京：新华出版社，2007.

[390] 黄应来等. "卖难" 正破题——砂糖橘打入北方乡镇 [EB/OL]. http：//www.gdagri.gov.cn/sczx/jjps/200912/t20091211_153021.htm，2009-12-11.

[391] 江西省商务厅. 农业产业规划 [EB/OL]. http：//www.jxdoftec.gov.cn/chushi/zhaoshang/zsxm _e/mainindex.asp?dm=A01，2003-12-13.

[392] 江西省统计局，国家统计局江西调查总队. 2011 年江西省统计年鉴 [M]. 北京：中国统计出版社，2011.

[393] 江西省质监局. 无公害食品婺源绿茶加工技术规程（DB36/T 500-2006）[Z]. 中国国家标准，2006.

[394] 康继韬等. 2001 年度宁波地区柑橘中有机磷农药残留监测 [J]. 中国卫生检验杂志，2002（3）.

[395] 梁木根，罗省根，李银花. 提升产业综合效益 小蜜橘做出大产业——南丰蜜橘 "亩园万元" 高效创建 [J]. 现代园艺，2008（1）.

[396] 龙南县政府. 如何使用赣南脐橙地理标志标签 [EB/OL]. http://www.jxln.gov.cn/lnqcw/tzgj/cyjs/201008/t20100823_45393.htm，2010-08-23.

[397] 吕维新. 婺源茶商的形成与发展 [J]. 农业考古，2001（4）.

[398] 南丰县人民政府. 关于南丰县 2010 年国民经济和社会发展计划执行情况及 2011 年国民经济和社会发展计划草案 [EB/OL]. http：//www.jxnf.gov.cn/? thread-7494-1.html，2011-03-10.

[399] 聂娟. 中西部欠发达县：统筹城乡发展新路何在 [J]. 人民论坛，2008 (13).

[400] 孙亚范. 农民专业合作经济组织利益机制分析 [M]. 北京：社会科学文献出版社，2009.

[401] 万俊毅，彭斯曼，肖雪峰. 农户对产业化联盟的认知分析：以赣南脐橙业为例 [J]. 农业经济问题，2009 (8).

[402] 汪彤. 政府权力悖论与中国经济转轨 [M]. 北京：中国发展出版社，2010.

[403] 王文举，董晓波，李庆九. 中国合作经济发展与新农村建设研究 [M]. 合肥：安徽人民出版社，2009.

[404] 王泽义，李跃进，蔡柏龄. 南丰蜜橘产业标准化和质量安全体系建设现状 [J]. 现代园艺，2011 (6).

[405] 小康杂志调研组. 2006~2007 中国饮食小康指数 [J]. 小康，2007 (2).

[406] 肖丽霞，胡小松. 我国食品业原产地保护的现状和意义[J]. 食品科技，2005 (7).

[407] 新华社. 中央经济工作会议召开 [EB/OL]. http：//www.gov.cn/ldhd/2007-12/05/content_ 826113.htm，2007-12-05.

[408] 熊吉陵. 婺源茶业产业化经营的实践与启示 [J]. 江西农业大学学报，2007 (4).

[409] 颜浩. 婺源茶业振兴之路探寻 [J]. 农业考古，2007 (2).

[410] 曾学昆，孙苑，王雪梅. 赣南脐橙市场销售模式分析 [J]. 老区建设，2007 (12).

[411] 中国海关总署. 中华人民共和国标准化法实施条例 [EB/OL]. http：//www.customs.gov.cn/publish /portal0/tab637/module18166/info38530.htm，2006-05-18.

[412] 中国国家统计局. 2011 年中国统计年鉴 [EB/OL]. http：//

www.stats.gov.cn/tjsj/ndsj/2011/indexch. htm，2011-12-10.

[413] 中国国务院新闻办公室. 中国的食品质量安全状况白皮书[EB/OL]. http://www.scio.gov.cn/zfbp s/gqbps/2007/200905/t308057.htm，2007-08-17.

[414] 中国农业部农产品质量安全中心. 农产品地理标志管理办法[EB/OL]. http://www.aqsc.gov.cn/ policy/policyShow.asp? policyId=46，2008-12-01.

[415] 中国质量报. 西湖龙井茶地理标志产品保护工作收到良好效果[EB/OL]. http://shipin.people. com.cn/GB/9984103.html，2009-09-03.